应急救援
理论与实务

李明　连浩辰　黄锐　等编著

化学工业出版社

·北京·

内容简介

《应急救援理论与实务》系统梳理了应急救援理论、应急救援行动和应急救援装备的基本知识与理论体系，围绕应急救援力量建设与应急救援投送，应急救援指挥与管控，应急救援的行动、演练与保障，应急救援评估与能力建设，应急救援的主要装备及其在救援中的主要作用等方面展开讲解；最后分别对自然灾害、事故灾难、公共卫生事件和社会安全事件四大类突发事件的应急救援案例进行了分析与讨论。

本书可作为高等院校应急技术与管理类、安全工程类、消防工程类等相关专业师生的教材和参考资料，也可作为从事应急救援相关工作的专业人员，各级政府机构、社会组织及企事业单位应急管理人员的培训、参考教材。

图书在版编目（CIP）数据

应急救援理论与实务 / 李明等编著. -- 北京：化学工业出版社，2024.7. -- ISBN 978-7-122-44690-9

Ⅰ. X928.04

中国国家版本馆 CIP 数据核字第 2024FS7132 号

责任编辑：高　震　　　　　　　　文字编辑：袁　宁
责任校对：李　爽　　　　　　　　装帧设计：韩　飞

出版发行：化学工业出版社
　　　　　（北京市东城区青年湖南街 13 号　邮政编码 100011）
印　　装：北京云浩印刷有限责任公司
710mm×1000mm　1/16　印张 13　字数 228 千字
2025 年 4 月北京第 1 版第 1 次印刷

购书咨询：010-64518888　　　　　　售后服务：010-64518899
网　　址：http://www.cip.com.cn
凡购买本书，如有缺损质量问题，本社销售中心负责调换。

定　　价：48.00 元　　　　　　　　　　　　版权所有　违者必究

前　言

人类不断与各种突发灾害事件做斗争，人类从自救、互救发展到有组织救援，从自发、本能施救发展到科学高效救援，当前提供应急救援成为政府及一些社会组织的重要职能，成为维护国家安全、保护人民利益、保持社会稳定、推动社会高质量发展的重要任务。2022年党的二十大报告明确指出，要"建立大安全大应急框架，完善公共安全体系""提高防灾减灾救灾和重大突发公共事件处置保障能力，加强国家区域应急力量建设"。因此，加强应急救援学科建设，加强应急救援人才培养，加强应急救援装备现代化，具有重要的现实性和紧迫性，成为推进我国国家治理体系和治理能力现代化不可或缺的组成部分。

为了适应新时代对应急救援事业发展的需要，本书在系统梳理现有理论知识体系的基础上，以应急救援的知识体系为基础，构建了应急救援力量与应急救援投送、应急救援指挥与管控、应急救援行动、应急救援演练与保障、应急救援评估与能力建设等方面的知识体系，使读者能够较系统地掌握应急救援的基础内容和理论知识。在此基础上，结合当前主流应急救援装备的使用情况，分类型、分系列地介绍救援装备的基本功能和作用，使读者能够比较全面地了解和掌握各类救援装备的应用场景。为了将理论知识与实践工作结合起来，分别列举自然灾害、事故灾难、公共卫生事件和社会安全事件中最具代表性的案例进行分析与讨论，以提高读者运用所学知识开展应急救援工作的能力。本书以基础理论知识体系化、应急救援装备类型化和理论联系实际案例化为特点，期待读者能够比较系统地了解、掌握应急救援领域的基础知识、理论和方法，提高对突发事件的应急救援能力与综合素质。

本书由中南大学李明、连浩辰、黄锐等编著，中南大学潘伟、王秉、刘琼、周智勇、仇林玲、殷婉捷、许媛琪也参加了编写。具体编写分工为：第一章由李明、连浩辰共同编写，第二章由黄锐、仇林玲共同编写，第三章由潘伟、王秉共同编写，第四章由李明、刘琼共同编写，第五章由李明、黄锐共同编写，第六章由潘伟、周智勇共同编写，第七章由李明、连浩辰、黄锐、殷婉捷、许媛琪共同编写，附录由李明、黄锐、连浩辰、仇林玲、殷婉捷共同编写。

由于编著者水平和时间有限，书中存在不足和欠妥之处在所难免，敬请读者批评指正并提出宝贵意见。

编著者
2024 年 1 月

目 录

第三章 应急救援指挥与管控 **040**

第六章　应急救援评估与能力建设　　125

附录   **179**

参考文献   **197**

第一章

应急救援的基础知识

本章提要

本章主要介绍应急救援的形成背景、概念、分类、任务、原则和发展规律，重点掌握应急救援的基本概念和基础知识。

人类社会的发展史就是一部与各类自然灾害、生产事故等突发事件斗争并谋求生存发展的历史，在此过程中人类社会通过不断探索、完善和总结应对各类自然灾害、事故应急救援的经验和方法，逐步从早期的实践经验阶段发展到理论创新和技术进步的高层次发展阶段。

1.1 应急救援的形成背景

应急救援是伴随着各种灾害的不断发生而逐步演进发展起来的，应急救援历史演进的过程也就是应急救援理论逐步形成和发展的过程。

1.1.1 人类抵御灾难实践的需要

灾难是一种具有全球性影响的现象。从公元 79 年意大利维苏威火山喷发到 2023 年土耳其 7.8 级大地震，从 1970 年秘鲁大雪崩到 2022 年巴基斯坦特大洪灾，从 1952 年伦敦烟雾事件到 2011 年日本福岛核电站核泄漏事故，从 1918 年全球性流感到 2020 年新冠疫情，各类灾难无处不在。资料显示，1900 年至 1949 年因各类灾害死亡人数高达 1055 万人，平均每年死亡超过 21 万人。据世界气象组织统计，在 1970 年至 2019 年的近 50 年间，全球范围内总计报告约 1.1 万起自然灾害，不仅夺走了 200 多万人的生命，也造成了约 3.64 万亿美元的损失。根据紧急灾难数据库（Emergency Events Database, EM-DAT）数据绘制了 1990—2018 年全球几种典型自然灾害的发生次数和灾害损失情况，结果如图 1-1 所示。

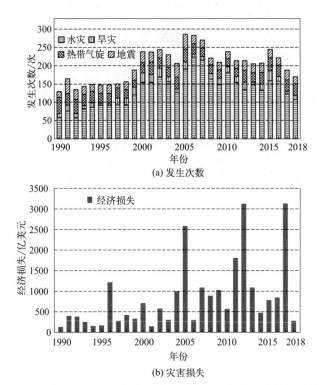

(a) 发生次数

(b) 灾害损失

图 1-1　全球 1990—2018 年典型自然灾害发生次数及灾害损失情况

　　人类利用资源的范围从地表拓展到地下，机械化生产推动社会生产力空前发展，人类干预自然环境的范围进一步扩大，并由此产生了许多人为的灾害问题，例如全球变暖、酸雨、臭氧层破坏、核污染，以及大型工程建设引发地震、滑坡、泥石流等。人类活动的范围越来越广，从平原到山地，从沃野到戈壁，从陆地到海洋，从地球到太空，随之而来的灾害的范围也在随着人类的脚步不断拓展。随着人类社会的进步和发展，人们对安全的需求也在不断提高，由此应对灾难的应急救援就变得越来越重要，如何应对各类灾难已成为当前和今后人类抵御风险的重要课题。

1.1.2　维护国家安全稳定的需要

　　在当前和平与发展的国际大环境下，各类突发重大灾难事件已成为影响社会稳定乃至国家安全的重大威胁。各类突发灾难事件无论规模大小，都具有很强的破坏性，也极易引起次生及连锁反应，造成不良的社会反应和国际影响。有些突发事件如果不及时加以疏导和有效控制，不仅会严重影响人们日常的生产生活秩序，导致经济问题，甚至还会影响社会稳定和国家安全。

随着社会经济的不断发展，对自然资源、能源等的需求持续加大，资源过度、无序开采情况时有发生，粗放式管理导致资源利用不可持续，进而引起生态环境污染和人居环境破坏等各类自然灾害风险，对社会经济发展和人们的生命财产安全造成严重威胁。当前我国社会、经济发展进入关键时期，社会利益关系面临新一轮的深度调整和变化，对于我国社会面临的安全问题无论是潜在的还是现实的都必须加以关注和重视，任何处置不当或处置不及时都有可能对我国社会主义现代化建设构成严重的危害。为此，应对各类突发事件的威胁与挑战是中国特色社会主义新时代建设发展的重要内容。

1.1.3　国家能力建设的组成部分

国家能力是统治阶级通过国家机关行使国家权力、履行国家职能，有效统治国家、治理社会，实现统治阶级意志，以及利用社会公共资源的能量和力量。提高国家应急救援能力是国家能力建设必不可少的组成部分。增强国家应急救援能力，是有效应对各类重特大突发灾难事件的前提条件，是保障国家安全的基础能力，是国家能力建设的新拓展。按照《中华人民共和国突发事件应对法》等法律、法规要求，在政府主导下，协调有关管理部门、其他专业救援力量和人民群众，在共同建立的各类应急救援机制的框架下开展组织、指挥、协同等应急管理工作，才能实现形成国家救援整体合力的目标。当前我国面临各类突发事件的挑战，并且突发事件由传统安全领域向非传统安全领域拓展，不仅对我国综合应急救援能力提出了新的更高的要求，还需要不断拓展和加强在非传统安全领域的应急救援能力的建设。2022年党的二十大报告提出"推进国家安全体系和能力现代化，坚决维护国家安全和社会稳定"和"提高防灾减灾救灾和重大突发公共事件处置保障能力，加强国家区域应急力量建设"，为当前我国应急救援能力建设与发展指明了方向。

1.2　应急救援的概念、分类、任务和原则

突发事件是指突然发生，造成或者可能造成严重社会危害，需要采取应急处置措施予以应对的自然灾害、事故灾难、公共卫生事件和社会安全事件。各类突发事件的发生都有可能造成人员伤亡、财产损失、环境污染和生产生活秩序混乱，需要迅速采取有效的应急管理措施来控制各类可能的危害后果。

1.2.1　应急救援的概念

应急管理是指政府及其他公共机构在突发事件的事前预防、事发应对、事中处置和善后恢复过程中，通过建立必要的应对机制，采取一系列必要措施，应用科学、技术、规划与管理等手段，保障公众生命、健康和财产安全，促进社会和谐健康发展的有关活动。应急救援是突发事件应急管理的重要一环，也是突发事件应对处置中减少人员伤亡和财产损失，将突发事件危害降到最低限度的关键一步。

应急救援是指突发事件发生后，相关部门迅速组织人力、物力、技术等资源，采取紧急救援措施和紧急处理手段，保护人民生命财产安全，减少灾害损失的一系列工作。其目的是最大限度地减少灾害对人民生命和财产的危害，恢复生产生活秩序，保障社会稳定和持续发展。

1.2.2　应急救援的分类

世界各地由于社会、政治、经济和制度不同，自然地理条件与习俗存在差异，以及社会生产力和人民生活水平的不平衡等，突发灾难事件的类型呈现纷繁复杂的特点，因此各国、各地区的应急救援分类也有所不同。应急救援分类需要依据一定的标准进行具体划分。正确区分不同类型的突发事件，才能更加具有针对性地进行应急救援，有的放矢地解决可能面临的问题，掌握不同类型应急救援的特征和规律，以便有效地运用不同的方法进行分类救援。

1.2.2.1　按救援事件类型分类

2006年国务院发布了《国家突发公共事件总体应急预案》（以下简称"总体预案"），"总体预案"是全国应急预案体系的总纲，明确了我国各类突发公共事件的分级分类方法。根据突发公共事件的发生过程、性质和机理，将其分为自然灾害、事故灾难、公共卫生事件和社会安全事件四类，如图1-2所示。

（1）自然灾害救援

自然灾害是指给人类生存带来危害或损害人类生活环境的自然现象，包括干旱、洪涝、高温、低温、雷电、暴雪、寒潮、冰雹、龙卷风等气象灾害，火山喷发、地震、山体崩塌、滑坡、泥石流等地质灾害，风暴潮、海啸等海洋灾害，森林草原火灾和生物灾害，等等。自然灾害救援主要分为气象灾害救援、地质灾害救援、海洋灾害救援、森林草原火灾救援和生物灾害救援等。

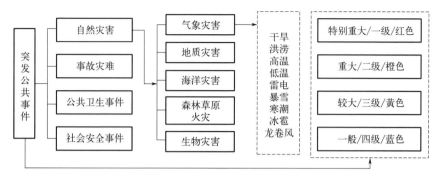

图 1-2 突发公共事件分类分级图

气象灾害救援：气象灾害是指大气对人类的生命财产和国民经济建设等造成的直接或间接的损害，一般包括天气、气候灾害和气象次生、衍生灾害。突发性气象灾害救援主要包括对干旱、洪涝、高温、低温、雷电、暴雪、寒潮、冰雹、龙卷风等气象灾害事件及其次生、衍生灾害所进行的应急救援。

地质灾害救援：地质灾害是指在自然或者人为因素的作用下形成的，对人类生命财产造成损失，对环境造成破坏的地质作用或地质现象。地质灾害救援主要包括对自然因素或者人为活动引发的危害人民生命和财产安全的山体崩塌、滑坡、泥石流、地面塌陷、地裂缝、地面沉降等与地质作用有关的灾害事件及其次生、衍生灾害所进行的应急救援。

海洋灾害救援：海洋灾害是指海洋自然环境发生异常或剧烈变化，导致在海上或海岸发生的灾害。海洋灾害救援主要包括对风暴潮、海啸、灾害性海浪、海冰、赤潮等灾害事件及其次生、衍生灾害所进行的应急救援。

森林草原火灾救援：森林草原火灾是指失去人为控制，在森林内和草原上自由蔓延和扩展，对森林草原、生态系统和人类带来一定危害和损失的林草火燃烧现象。森林草原火灾是一种突发性强、破坏性大、处置救助较为困难的自然灾害，森林草原火灾救援是主要针对上述灾害事件开展的应急救援。

生物灾害救援：生物灾害是指由于极端的自然、人为因素或者两者的共同作用，使自然界生态系统失衡的森林植物感染病虫鼠害、有害植物侵入和野生动物感染疫病等灾害。生物灾害救援是主要针对上述严重的灾害事件开展的应急救援。

（2）事故灾难救援

事故灾难是在人们生产、生活过程中发生的，直接由人的生产、生活活动引发的，违反人们意志的，迫使活动暂时或永久停止，并且造成大量的人员伤亡、经济损失或环境污染的意外事件。正确区分事故灾难的类别，不仅有利于开展平时的应急救援演练，还有利于应急救援行动按计划有序进行，防止因各类救援行动组织不力而影响事故救援，从而降低人员伤亡和财产损失。事故灾难救援主要分为工矿企业安全生产事故救援、交通运输事故救援、公共设施和设备事故救援、核辐射事故救援等。

工矿企业安全生产事故救援：安全生产事故是指生产经营单位在生产经营活动（包括与生产经营有关的活动）中突然发生的，危害人身安全和健康，或者损坏设备设施，或者造成经济损失的，导致原生产经营活动（包括与生产经营活动有关的活动）暂时中止或永远终止的意外事件。工矿企业安全生产事故救援是主要针对制造加工业、矿山、商贸物流业等企业重大安全生产事故，导致人员重大伤亡和造成经济损失巨大的安全生产事故开展的应急救援。

交通运输事故救援：交通运输事故是指运输工具在运输过程中因过错或者意外造成人身伤亡或者财产损失的事件。交通运输事故救援是主要针对铁路、公路、航空、内河航运、海上航运、城市地铁等重大安全事故开展的应急救援。

公共设施和设备事故救援：公共设施和设备是构成整个经济社会发展体系的基础框架，是国家有效吸引各种经济资源、要素的基本条件，一旦出现重大突发事故，影响巨大。公共设施和设备事故救援是围绕重要道路交通设施、给水排水设施、能源供应设施、邮电通信设施和防灾减灾设施等城市生命线工程进行的重点救援。

核辐射事故救援：国内外的实践均表明，在核应用中若出现违章操作、设备故障、放射性污染物丢失、被盗等情况，一旦发生核辐射事故，将造成严重污染。在核辐射事故救援中，应以专业救援力量为主体，重点开展事故泄漏源处置、污染区救援等救援工作。

（3）公共卫生事件救援

公共卫生事件是指突然发生，造成或者可能造成社会公众健康严重损害的重大传染病疫情、群体性不明原因疾病、重大食物和职业中毒以及其他严重影响公众健康的事件。公共卫生事件通常是由有毒物质、传染源（病菌）等引起的，涉及领域相当广泛，往往难以预测，但人们能够做到的、最有效的办法，就是在灾害来临之前，构筑一道坚固的公共卫生防御屏障，建立健全主动积极的防范体系。公共卫生事件救援可分为重大传染病疫情救援、群体性不明原因疾病救援、重大食物和职业中毒救援、动物疫情救援等。

重大传染病疫情救援：传染病是由各种病原体引起的能在人与人、动物与动物或人与动物之间相互传播的一类疾病。传染病疫情传播快，对人民群众的生命健康危害极大。重大传染病疫情是指某种传染病在短时间内发生，波及范围广泛，出现大量的病人或死亡病例的事件。重大传染病疫情救援重点是要切断传染源、设立感染隔离区、集中优质医疗资源救治等。

群体性不明原因疾病救援：群体性不明原因疾病是指在较大人群范围内突然发生原因不明、具有传染性的严重疾病。虽然这类疾病发病原因不明，一时难以诊断、治愈，一经发生往往会引发社会恐慌，但只要采取积极的防护措施，就能有效避免被感染。群体性不明原因疾病往往在一定时间内相对集中的区域发生，应急救援重点工作主要包括加强疾病救治工作、尽快查明发病原因和广泛开展疾病知识宣教、防止社会恐慌等。

重大食物和职业中毒救援：食物中毒是指受害者所进食物被细菌或毒素污染，或食物含有毒素而引起的急性中毒性疾病；职业中毒是指劳动者在生产劳动过程中由于接触生产性毒物而引起的中毒。当中毒事件波及的范围广，涉及的受害人员比较多时，就构成重大食物和职业中毒事件。重大食物和职业中毒救援主要围绕中毒源调查和隔离、受害人员医疗救治等开展救援工作。

动物疫情救援：动物疫情是指动物疫病发生、流行的情况，包括家畜家禽和人工饲养、合法捕获的其他动物。动物疫情涉及动物的饲养、屠宰、经营、隔离、运输等活动。动物疫情救援主要包括以当地防疫部门为主，协调各方面救援力量封锁疫情感染区，进行消杀或隔离可能感染的动物，对感染动物进行无害化处理等救援工作。

（4）社会安全事件救援

社会安全事件指造成或者可能造成重大人员伤亡、重大财产损失和对所在地区的经济社会稳定、政治安定构成重大威胁或损害，有重大社会影响的涉及社会安全的突发事件。社会安全事件救援主要包括重大刑事案件救援、重特大火灾事件救援、恐怖袭击事件救援、金融安全事件救援、群体性事件救援、涉外突发事件救援等。下面对其中一些救援进行简要介绍。

恐怖袭击事件救援：恐怖袭击是指极端分子人为制造的针对但不限于平民及民用设施的不符合国际道义的攻击方式。恐怖袭击事件会对所在地国家利益、社会秩序和公众生命财产造成直接损害和严重威胁。恐怖袭击事件救援是维护国家安全和人民利益的需要，主要救援工作有抢修公共基础设施、救治受害人员、尽快控制恐怖袭击人员、疏解社会恐慌等。

群体性事件救援：群体性事件是指由某些社会矛盾引发，特定群体或不特定多数人聚合临时形成的偶合群体，以人民内部矛盾的形式，通过没有合法依据的规模性聚集、对社会造成负面影响的群体活动、发生多数人语言行为或肢体行为上的冲突等群体行为的方式，或表达诉求和主张，或直接争取和维护自身利益，或发泄不满、制造影响，对社会秩序和社会稳定造成重大负面影响的各种事件。群体性事件救援主要包括紧急救治各类事件中的受害人员，抢修遭受破坏的公共设施，维持社会、经济正常秩序，尽快了解和妥善处置群体性事件的利益诉求问题等救援工作。

涉外突发事件救援：涉外突发事件是指事件发生地、结果发生地、参与人员或受害人员等要素具有涉外性质的突发事件，一般分境外涉外事件和境内涉外事件。境外涉外事件主要包括重大国际、地区及驻在国形势变化引发的突发事件，涉及国家安全、国家利益和公民重大权益等；境内涉外事件主要包括针对外国驻华机构和人员的重大政治、经济、社会性事件。涉外突发事件救援主要包括海外撤侨行动、海外公民权益保护、国际人道主义救援等救援工作。

1.2.2.2　按救援范围分类

根据突发灾害事件发生的地域和应急救援范围进行区分，旨在把有限的救援力量投入灾害事发地，确保应急救援的快速反应和针对性，同时便于发挥应急救援合力，把不同地区、单位的专业救援力量有机地组织起来，更好地发挥救援效能。救援范围通常分为县、市级应急救援，省级、区域性应急救援，国家级重大应急救援和国际联合应急救援等。

① 县、市级应急救援。县、市级应急救援是指突发事件发生地所在的县、市级政府或相关管理部门组织的，以当地应急救援力量和周边驻地武警、民兵、预备役人员等救援力量为主的联合应急救援活动。县、市级应急救援多运用本地的救援力量，由于身处事发地，更能准确地把握地域内发生的事件所造成的影响范围和程度，并能在第一时间到达现场了解事态发展情况，也能及时地进行人力、物力和财力的迅速调配，应急救援工作的效能通常较高。县、市级应急救援的主要工作是控制危险区域、封锁救援现场、划定警戒区，针对事件的具体性质和需求组织专业救援力量，按照本级应急预案相关内容和要求开展救援工作。需要注意的是，当县、市级应急救援工作不能有效应对重大突发事件时，应当及时向上级政府、主管部门报告，并请求给予必要的支援与协调，上级政府、主管部门根据实际情况按照应急预案的要求迅速开展相关的应急处置工作。

② 省级、区域性应急救援。省级、区域性应急救援是指突发事件发生地所在省级政府或授权的区域性管理机构组织的应急救援行动，是以所在地省级、区域性的应急救援力量和驻地武警、民兵、预备役人员等救援力量为主进行的联合应急救援。省级、区域性应急救援一般不能完全按照一般的组织管理架构进行，也不能按照行业业务管理模式进行，应针对突发事件性质和救援工

作的轻重缓急，统一协调，按专业力量编组，发挥各行业专业救援力量的作用，积极联合省内、区域内的各类应急救援力量，实现区域内各救援力量和救援资源的有效整合。省级、区域性应急救援应由当地省级政府统一组织实施，根据突发事件类型，采取以专业救援力量为核心、其他相关应急救援力量配合参与救援的方式。

③ 国家级重大应急救援。国家级重大应急救援通常针对特别重大的突发事件，主要是多区域、大规模的灾难事件，包括重大自然灾害，重大公共卫生事件，重大社会安全事件和危及国家安全、社会稳定的重大突发事件等。国家级重大应急救援参与的力量既有发生地的各类应急救援力量，又有跨区域的机动救援力量；既有行业专业的救援力量，又有武警、军队等军事救援力量。国家级重大应急救援的组织层次高，在救援行动中必须建立相应的国家级联合救援机构，明确各参与救援单位的任务和相关救援职责，在救援准备、救援实施和救援保障上需要做出具体的规定。国家级重大应急救援通常需要成立军、地联合救援指挥机构，依托事发地的省、市、县和军队相关业务部门共同组织，下设大区（战区、地域）联合救援机构、地区（责任区）联合救援机构、任务单位（地方专业力量、武警和军队）联合救援机构。

④ 国际联合应急救援。近年来全球性巨灾频发，波及广、损失大、救援难，超越了某一国家的控制界限和能力范围，在和平、合作、发展的全球化时代，国际联合应急救援已成为国际安全合作的重要内容。国际联合应急救援是两个以上国家与各类国际组织共同进行的应急救援行动，这就从客观上需要多个国家、地区或通过国际组织协调开展救援行动。国际联合应急救援一般依据参与双方或区域合作框架或合作协议等，在接到受灾国邀请或主动提出参与救援获得同意后，方可派出救援力量实施跨境救援。国际联合应急救援通常由国际救援组织或机构就某一次重大突发灾难事件临时组织联合救援行动，旨在共同应对不可抗拒的重大灾难事件。从近年国际联合应急救援行动实践来看，其救援行动呈现多样化的发展特点，包括重大自然灾害（地震、海啸、飓风、火山喷发等）和重大突发公共卫生事件（如传染病疫情等）。国际联合应急救援行动专业分工越来越细，需要具备相应的专业能力，包括专业人员、专业器材、专业技术、专业保障和专业方法等，不仅有受害人员搜救、医疗救护等基本内容，还包括灾情评估、灾情预测、心理干预、灾后重建等方面。近年来我国积极参与国际联合应急救援行动，为受灾国人民走出灾难阴影、重建家园做出了重要贡献，展示了国家形象，扩大了国际影响，促进了国际合作的深入发展。

1.2.3　应急救援的任务

应急救援是一项涉及工作内容多、专业性强、时间要求紧和任务负荷大的工作，需要把各方面的救援力量组织起来，形成合力，才能有效应对。不同的突发事件类型具有各自的救援特点和任务，需要针对不同的突发事件制定好现场应急救援的任务。总的来说，应急救援的基本任务包括抢救受害人员、控制事态升级、引导社会舆论和消除灾害后果四个方面。

1.2.3.1　抢救受害人员

抢救受害人员是指快速、有序、高效地实施现场急救与受害人员安全转移，是降低人员伤亡、减少突发事件损失的关键所在。由于重大突发事件往往发生得很突然，并且扩散迅速、涉及范围广，对周边人员安全造成了重大现实威胁，救援中应及时指导、组织受害人员或可能受波及人员尽快撤离危险区，在撤离过程中要采取各种可能的应对措施来预防或减少人员受到伤害，应积极组织受灾人员开展自救和互救工作。

1.2.3.2　控制事态升级

控制事态升级是为了防止突发事件进一步扩大蔓延，阻止事态继续恶化，防止发生次生灾害。为了有效控制事态升级发展，需要应急救援快速反应，立即启动应急救援预案，迅速组织相关部门和救援力量采取应对措施。同时要做好现场、应急处置情况和后续隐患等方面的信息收集工作，及时预判突发事件的危害区域、性质及危害程度，防止事态继续扩大，确保及时有效地开展应急救援工作。

1.2.3.3　引导社会舆论

突发事件应急救援备受国内外的广泛关注，也是国内外新闻媒体报道的重要内容，由此，突发事件发生之后，要争取国内外对应急救援行动的理解和支持，为救援工作创造良好的内外部社会舆论环境。对于社会广泛关注的突发事件，如社会安全类事件等，要力争在第一时间发布准确、权威信息，稳定公众情绪和预期，最大限度地避免或减少公众猜测和新闻媒体不准确、不全面报道的负面影响，掌握社会舆论的主动权和话语权。有效引导社会舆论，有利于突发事件的妥善处置，有利于维护人民群众的切身利益，有利于稳定人心和社会安定团结。

1.2.3.4　消除灾害后果

消除灾害后果是应急救援过程中不可或缺的一个重要环节，同时也预示着应急救援进入收尾阶段。当突发事件的危害得到有效控制之后，就应该着手开展突发事件的善后处置与恢复工作。不同类型的突发事件会产生不同的危害后果，需要针对突发事件的类型和具体危害后果采取有针对性的灾害后果消除工作，主要任务包括防止次生灾害的发生、清理灾害现场、消除灾害的影响、稳定社会大局和帮助受害人员恢复重建等。

1.2.4　应急救援基本原则

原则是指经过长期经验总结得出的合理化的准则。应急救援基本原则是根据应对各类突发事件威胁的客观要求和应急救援的特点规律，结合应急救援实践总结得出的用于指导应急救援工作的一般准则。确立正确的应急救援基本原则，可为应急救援行动提供科学、客观的行动指引。

1.2.4.1　安全第一原则

贯彻安全第一原则就是要求把保护人员的安全放在首要位置，被保护的对象不仅包括突发事件的直接受害人、间接受害人，还包括参与应急救援的人员、其他社会公众等潜在受害人。应急救援行动就是要把处于危险境地的受害者尽快疏散转移到安全区域，避免出现更大的人员伤亡的灾难性后果。应急救援现场依然存在各种各样的现实威胁和一些不可预测的风险，对所有进入现场参与应急救援的人员都构成直接的威胁，保护救援人员的安全是开展应急救援行动必须考虑的第一原则。应急救援指挥人员应采取一切必要的防范措施保护所有参与救援行动人员的人身安全，避免付出不必要的牺牲与代价。救援人员的伤亡同样也要计入人员伤亡的统计范围，这样就会造成更大的社会负面影响。

1.2.4.2　快速反应原则

突发事件具有突发性、连带性和不确定性等特点，整个过程发展变化迅速。能否在第一时间采取及时、有效的救援行动，在很大程度上决定着应急救援行动的成败。救援行动在时间上的延误有可能增加应急处置工作的难度，以至于使灾难造成的损失进一步扩大，导致更为严重的后果。因此救援工作必须坚持做到快速反应，力争在最短的时间内到达处置现场、控制事态、减少损失，以最高的效率与最快的速度救助受害人，并为尽快恢复正常的工作秩序、社会秩序、生活秩序创造条件。

快速反应不仅要求应急救援力量能够在突发事件发生后的最短时间内到达现场并能立即投入现场救援工作，还要求应急救援的决策机构也要反应迅速，在信息相对缺乏的情况下进行非程序化快速决策，及时采取有效措施避免更大的人员伤亡和财产损失，并向公众表明政府对待突发事件的态度与决心，以获得有利于突发事件救援的外部环境，为突发事件的善后工作创造条件。

1.2.4.3　适度反应原则

适度反应原则，是指应急救援行动的各种措施应当与突发事件的规模、性质、危害程度相当，一方面要避免反应不足造成的控制不力，另一方面要避免反应过度而扩大危机的影响范围，甚至引发其他类型的危机。在应急救援行动中，必须确定主要危险，对救援现场情况进行科学评估，启动相应级别的应急救援方案，调动适当数量的应急处置人员赶赴现场参与救援工作。对救援处置过程中所采取的各种应对措施要开展经常性的实际效果评估，根据效果评估的结果调整所采取的应对措施的力度与范围，以期在所采取的救援措施的投入与减少突发事件所造成的危害结果之间达到整体最优状态。

1.2.4.4　协调联动原则

应急救援工作涉及不同的管理部门、企事业单位和社会团体，具体包括来自公安、消防、交通、通信、医疗救护、军队、武警等部门的各类救援人员。不同参与部门和人员在救援行动中的职责不同、目标各异，因而在救援中所采取的应对措施也各有侧重，而救援工作千头万绪，需要整合各方面的救援力量才能发挥最大的效能。这就要求在应急救援过程中，必须重视各参与部门之间的协调，加强中央政府与地方政府、不同职能部门、政府与社会各界之间的联动与配合，明确不同部门的职责，按照确定的总体目标，各司其职、各负其责，并建立良好的信息沟通和共享机制，最大限度地减少突发事件造成的损失。协调配合一般应由专门机构负责，许多国家通常由应急管理部门负责应急救援的协调配合工作。对于一些规模较大、危害国家利益的重大突发事件，可由政府主要领导直接负责组织协调，统一调度，以保证危机决策的权威性和及时性。

1.2.4.5　资源共享原则

突发事件应急救援中的资源包括人力资源、财政资源、物质资源、信息资源等。由于突发事件具有紧迫性，在大多数情况下，可用的资源往往是有限的，而且这些资源往往掌握在不同的救援部门或组织机构手中，只有遵循资源共享原则，建立良好的资源准备和配置机制，将有限的资源用于应急救援行动中的重要方面，才能最大限度地提高资源的综合使用效果。由于突发事件具有信息不充分的特征，在应急救援过程中信息资源的共享就显得尤为重要。各类救援信息可能来自事件受害者、救援人员、事件利益相关者等多个方面，由此需要通过各种方式来收集事件信息并建立良好的信息沟通渠道，为应急救援行动的决策、应对措施的实施提供必要的信息基础。

1.3　应急救援发展的内在规律

应急救援规律是救援诸要素之间及其与应急救援进程和结局之间内在的、本质的联系和发展趋势，具有客观性、普遍性、稳定性、必然性的本质属性。应急救援规律支配和决定着各种矛盾运动的方向、进程和结局。认识和掌握应急救援规律，是能动地指导应急救援实践的前提和基础。应急救援有一般规律和特殊规律，一般规律是在应急救援中普遍适用的规律，特殊规律是在特定环境条件下进行具体应急救援活动的规律。一般规律支配和决定着特殊规律。应急救援的规律是客观存在的，是不以人的主观意志为转移的，如果轻视或违背应急救援的规律，就不可能取得良好的救援效果。

1.3.1　救援任务的需求牵引

应急救援以任务需求为牵引，即应急救援的组织实施与发展变化离不开任务需求的引导，这一规律揭示了应急救援建设与应急救援行动实践之间内在、本质的联系。应急救援行动需要什么样的能力，就需要什么样的应急救援建设，这是不以人的主观意志为转移的客观需求。这一规律主要反映在以下几个方面。

① 灾害类型多样性决定了应急救援任务的多样性。应急救援行动是为了应对国家和地区各类灾害威胁而进行的救援行动。既有应对自然灾害任务类的行动，又有应对非自然灾害任务类的行动。这些行动任务在不同灾害种类面前又表现出不同的救援侧重点。应急救援任务这种明显的多样化特征必然决定了应急救援形式的多样性。如从救援内容上看，应急救援既要有旨在提高应对自然威胁能力的内容，又要有旨在提高应对事故灾害威胁能力的内容；既要有应对公共卫生威胁的救援内容，又要有应对社会安全威胁的内容。这些内容在救援中又各具特色。从救援方法上看，应急救援有军地联合

救援、行业的专业救援等多种方法。从救援手段上看，应急救援既要利用现有的一般手段，又要借助先进的科学手段。从救援环境上看，既要考虑到不同地域的救援环境，又要考虑到特殊地域的恶劣环境。从救援主客体上看，应急救援既有来自军队的救援力量，又有来自地方各级政府和相关专业的力量。从上述情况不难看出，应急救援任务的多样性是由灾害类型的多样性决定的。

② 应急救援任务始终根据不同灾害种类的发生而调整变化。应急救援任务是针对不同灾害种类的发生而确定的。随着国家和地区安全威胁的不断变化以及救援人员素质、装备水平的不断提高，应急救援的目标也会相应变化。国际国内各种矛盾的不断变化和各类灾害威胁不断涌现，尤其是非传统安全威胁的地位不断上升，对国家和地区安全的影响越来越大。同时，随着高新技术的迅猛发展以及应急救援中先进技术装备和手段的广泛运用，应急救援力量的整体条件也不断变化，遂行任务的能力不断提高。与此相适应，应急救援行动的能力也发生了重大变化，在应对自然灾害威胁的同时还要应对各类非自然灾害的安全威胁，如各类矿难、交通事故、危险品泄漏和人为的环境污染等，这些都使得应急救援的任务由平面向立体多维方向转变。这种新的变化在客观上要求应急救援必须改变只注重自然灾害救援的单一方式。因此，在应急救援准备中必须着眼各种灾害威胁发展趋势和未来应急救援行动任务的演变，自觉及时地调整、充实和更新救援内容，以适应实际救援工作的需要。

③ 应急救援能力以完成任务的质量为衡量标准。应急救援能力有着不同的具体衡量标准，这些标准是否科学合理，关键要看是否能符合完成任务的需求，与未来应急救援任务能力越接近就说明应急救援的质量标准越科学合理。如果不以完成任务的质量为应急救援能力的根本衡量标准，过于主观地制定标准，就会因救援能力不足而付出沉重的代价。因此，应急救援的质量是检验应急救援能力的唯一标准。由于灾害的发生具有一定的偶然性，人们往往把对应急救援的建设置于经济建设之后，人为地降低应急救援建设标准，从而使应急救援能力不能适应经济发展和灾害威胁的变化。这里重点强调的是一切经济建设都必须以安全为前提。就应急救援建设来讲，必须保持清醒的头脑，严格加强应急救援建设和标准，以完成实际救援的质量作为衡量应急救援能力的准绳，确保未来应急救援任务能圆满顺利地完成。

1.3.2 科学理论的发展指引

马克思主义认为，理论是实践的结晶，没有理论指导的实践将是盲目的实践。应急救援实践只有在先进的科学理论指导下，才能保持正确的方向，更好地提高应急救援行动的能力。应急救援的科学理论来源于救援实践活动，同时又对应急救援行动具有指导作用，这一规律揭示了应急救援相关理论与实践活动之间内在的、本质的联系。这一规律主要表现在以下三个方面。

① 应急救援相关理论是应急救援实践的直接依据。应急救援是一项特殊而又复杂的实践活动，同时也是一个极其复杂的大系统，该系统内部子系统和要素之间有着极为复杂的联系。要正确认识应急救援这一复杂系统，认清其发展变化规律，就必须依据与应急救援相关的各种先进科学理论；否则，单纯依靠传统、狭隘的经验，就只能沿袭前人走过的老路，不仅难以适应处理新的各类灾害威胁的需要，而且还难以处理应急救援过程中遇到的新情况、新问题，难以科学预测应急救援的发展趋势，应急救援实践也只能在低层次徘徊。只有掌握先进的应急救援理论，才能直接指导应急救援实践；只有掌握先进的系统理论，才能从系统的高度认识应急救援系统的发展变化，把握整体性；只有掌握先进的运筹理论，才能优化救援程序、减少救援消耗、提高救援效率；只有掌握先进的医学救援理论，才能使救援人员拥有良好的身体状态，保证救援实践的正常进行；只有掌握先进的应急救援行动理论和国际国内救援的理论，才能使应急救援实践与未来行动需求相一致；只有掌握先进的应急救援行动相关法规和规定，才能使应急救援工作在正确的规范下运行。

② 应急救援相关理论是应急救援实践的科学指南。国家安全形势的不断发展变化，对应急救援行动能力提出了更高的要求，这必然导致应急救援方法、手段等不断变革，以适应这种变化。而应急救援建设不是盲目进行的，必然要以应急救援的相关理论作为指南。尤其在没有现成经验可用的情况下，完成应急救援建设的训练管理、救援组织、救援保障等各项工作，没有应急救援相关理论的指导是不可想象的，也是不可能实现的。只有掌握了信息技术、网络技术、评估技术、应用数学技术等应急救援相关的现代技术理论，才能使应急救援向着可控化、精确化、智能化的方向变革；只有通过应急救援相关理论研究，在宏观上进行系统筹划，在具体问题上进行科学论证，才能对应急救援建设保持一个清醒正确的认识和判断；只有通过应急救援相关理论的创新，才能更好地克服和解决应急救援建设过程中遇到的不同矛盾，才能避免在应急救援建设上走弯路。

③ 应急救援相关理论是认识应急救援实践的理论基础。应急救援相关理论是人们对应急救援本质及其规律的认识，只有依据应急救援相关理论，才能正确科学地认识应急救援实践遇到的各种现象，科学分析其内在机理和规律。应急救援实践有其内在规律性，只有把握这种内在规律性，才能从本质上认识

应急救援实践，才能利用这些规律为应急救援实践服务。而正确地把握这种规律，必然需要借助应急救援相关理论，只有使应急救援相关理论不断取得新成果，人们对应急救援实践的认识才能不断进步。正是应急救援相关理论所提供的这种指导，才使得对应急救援实践的认识不断得到深化。

1.3.3 全民参与的实践发展

应急救援，必须全民动员、全民参与、专群结合。灾害直接的受害者是灾区的广大人民群众，群众既是受害者也是救援的基础力量。应急救援关系到广大群众的切身利益，全民参与应急救援是取得救援胜利的根本条件。因此，必须采取有效途径，教育、组织、训练群众，使其增强防灾、救灾意识，提高自救能力。应急救援以全民参与为基础，主要表现在以下三个方面。

① 群众既是应急救援的参与者又是应急救援的主力军。在应对灾害的过程中，群众是最为直接的参与者，广大群众不但是灾害应急救援的当事者，而且往往是见证者。当灾害发生后，在专业应急救援队伍到达现场之前，群众有组织的自救行为往往能减少灾害带来的损失。例如2008年初南方的冰雪灾害，在当地政府积极动员和媒体宣传引导下，广大群众积极走出家门，有组织地就近开展除冰铲雪、恢复交通的救援行动，为尽快恢复生活、生产秩序发挥了不可替代的作用，成功地战胜了低温雨雪灾害。面对灾害，群众的防灾意识、救灾知识、自救能力等十分重要。另外，群众还可以以各种形式向专业救援队伍反映更多的情况和有价值的救援信息，这些都有助于救援力量及时采取行动，更加快速地展开救援工作。

② 在群众中积极开展应急救援的相关知识教育。各类灾害事件不仅是对政府应对能力的挑战，更是对社会整体应对能力的综合考验。群众是灾害中最大的受害者，自我救助是减少损失特别重要的一环。因此，加强群众应对各类灾害事件能力的教育势在必行。对群众的应急救援知识普及和有针对性的训练，应当着重于防范意识的培养和在紧急情况下掌握自救、互救的能力。群众的训练应当由地方的民政部门、政府的社区组织和军队专业机构、国家综合性消防救援队伍等联合组织。广大群众应积极主动地参与不同形式的灾害救援培训，学习必要的急救常识，了解不同的应急自救方法，如了解并掌握如何利用身边的工具最快最有效地报警、有序地疏散、逃生自救。通过在群众中积极开展应急救援相关知识的教育，可以使群众了解紧急事件发生时应该做什么、能够做什么和如何去做。

③ 志愿人员是灾害应急救援的重要力量。应对国家重大灾害事件仅仅靠专职救援人员或政府应急资源是远远不够的，这就需要更多志愿人员的参与。

目前应急组织文化还未完全形成且志愿人员的数量较少，但从国家应对重大突发事件的经验来看，志愿人员参与已成为未来应对灾害事件新的发展趋势。志愿行动持续化发展的基础和载体就是社会大众的参与，这就必须依赖于文化动因和制度保障。大规模正规化的志愿行动应在政府主导和协助下启动，例如汶川地震的抗震救灾志愿活动。志愿者参与救援活动是一种对社会的关爱，更体现了我国社会主义核心价值观，只有志愿精神深入人心，才会有越来越多的志愿人员在灾害救援中发挥越来越重要的作用。

1.3.4　社会发展的支撑推动

应急救援作为一个复杂的开放性系统，离不开与外部环境的物质、信息和能量的交换，只有从外部环境及时得到所需的物质、信息和能量才能维持应急救援系统的正常运转，并向着好的方向演化。对于应急救援而言，外部环境就是所处的社会环境。

① 社会发展推动了应急救援技术手段的进步。应急救援的效果直接受各种救援装备、救援器材等的影响，如果这些救援器材装备性能先进、技术可靠，就能大大提高应急救援的效率，就能在较短的时间内达到救援目标，完成救援任务。而应急救援所借助的这些装备器材和各种设施主要来自社会大环境，只有社会科技水平提高了，经济实力增强了，灾害救援意识强化了，应急救援所需的各种软硬件设施才能快速更新，才能更好地保障应急救援所需。因此，正是社会发展促进了应急救援技术手段的进步，进而推动了应急救援的能力不断提高。

② 社会发展推动了应急救援人员素质的提高。应急救援相关人员的文化素质和思想观念是灾害救援的基础条件，直接影响着应急救援的质量。如果救援相关人员特别是决策领导人员的文化素质高、思想观念新、业务能力强，应急救援就会在一个较高的起点进行，并且在灾害救援具体实施过程中能够实现科学施救。如果社会科技水平高，教育普及程度高，就会为应急救援工作输送合格的各类救援人员，推动救援人员素质的全面提高。

③ 社会发展推动了应急救援需求的不断变化。应急救援需求从根本上取决于国家安全形势需要，国家面临着什么样的威胁，应急救援就要具备什么样的能力。例如国家面临雨、雪、冰冻或洪水等灾害危害时，就要重点做好应对这类灾害的各项应急救援工作；当发生危及社会稳定的事件时，就应对社会安全事件做好防范、处置等方面的应急救援工作。由此可见，应急救援需求的不断变化正是由社会发展过程中面临的安全形势推动的。

思考题

1. 应急救援形成的历史背景是什么?
2. 应急救援的主要任务和基本原则是什么?
3. 应急救援发展的内在规律是什么?

第二章

应急救援力量与应急救援投送

本章提要

本章介绍应急救援力量的构成与建设、应急救援力量的运用、应急救援投送等内容，应重点掌握应急救援力量的构成、运用与投送方式。

2.1 应急救援力量的构成与建设

应急救援力量是参加应急救援行动的所有力量的总称，是实施应急救援任务的物质基础，是构成应急救援的基本要素之一。对不同类型的灾害实施救援，专业救援力量所发挥的作用往往是一般救援力量无法替代的。根据灾害的不同类型，有针对性地使用专业救援力量，对应急救援将起到至关重要的作用。各种应急救援力量分布在广阔的地域，涉及民政、财政、农业、水利、国土资源、卫生、林业、气象、地震、交通、环保、海洋和军队、武警、公安等，有针对性地调配使用相应的救援力量，既可以提高救援效率，又可以节约救援资源，使救援资源效益最大化。

应急救援力量的组成不仅取决于各力量要素的救援能力，而且还取决于各救援力量的编制体制和运用方式。因此，掌握应急救援力量的组成结构、力量运用的时机、力量运用的方式等内容，对完成应急救援任务具有重要意义。

2.1.1 应急救援力量的构成

2022 年应急管理部印发的《"十四五"应急救援力量建设规划》指出我国应急救援力量构成主要包括专业应急救援力量、社会应急力量和基层应急救援力量。

2.1.1.1 专业应急救援力量

专业应急救援力量主要包括抗洪抢险、森林（草原）灭火、地震和地质灾害救援、生产安全事故救援、航空应急救援等力量，如图 2-1 所示。目前我国已组建了应急管理部自然灾害工程应急救援中心和救援基地，完善了国家级危险化学品、隧道施工应急救援队伍布局，建成地震、矿山、危险化学品、隧道施工、工程抢险、航空救援等国家级应急救援队伍 90 余支计 2 万余人，各地建成抗洪抢险、森林（草原）灭火、地震和地质灾害救援、生产安全事故救援等专业应急救援队伍约 3.4 万支计 130 余万人，形成了灾害事故抢险救援重要力量。

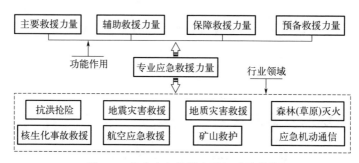

图 2-1　专业应急救援力量组成及分类

在应急救援中，通常按救援任务将专业应急救援力量区分为若干单元，每个救援力量单元可由规模不等的单元力量或救援力量联合编队构成。

① 专业应急救援力量区分。在应急救援实践过程中，通常把救援力量分为主要救援力量、辅助救援力量、保障救援力量和预备救援力量。主要救援力量，通常由以公安、武警、军队和行业专业应急救援队为骨干的救援力量组成，是救援行动的主体力量，重点负责主要方向和重灾区的救援任务；辅助救援力量，在应急救援中处于支援地位，主要是配合主要救援力量展开一系列救援行动；保障救援力量，在应急救援力量中较为特殊且地位和作用很重要，应急救援行动不同于军事行动，其面对的多是大自然的破坏和非对抗的威胁，因此对救援保障的要求不但高，而且难度大；预备救援力量，主要是应对救援过程中可能出现的意外情况。

② 专业应急救援力量特点。救援力量具有专业的救援技术、过硬的素质、迅捷的反应力和精良的救援装备，在应急救援中发挥着不可替代的作用。随着国家、地方和行业对应急救援的认识不断深化，各救援力量的装备有了很大发展，专业应急救援能力也得到了很大提升。反应迅捷是专业应急救援队伍区别

于其他救援力量的最大特点，高度机动的快速反应是救援效率的有力保障，只有第一时间到达救援现场，才能确保及时消除和控制灾害事态发展，才能确保人民生命财产安全。

③专业应急救援力量建设。专业应急救援力量体系是转变救援能力生成模式、推进应急救援建设的主要载体，是救援能力生成的主要增长点。着眼于打造专业应急救援队伍，应重点建设好四位一体的应急救援力量体系：一是建好已纳入国家应急救援体系的应急救援国家队，国家级应急救援专业队主要由军队、公安、消防、武警、水电、交通、环境、森林部队和国家行业专业队等组成；二是建好各省级应急救援队伍；三是建强各市级的应急救援分队；四是建立各区县级应急救援小组。四位一体的应急救援力量体系将成为应急救援的主要力量，建成的力量体系应能够立足驻地、辐射全国。各级应急救援力量必须围绕"编组科学、制度落实、反应迅速、保障精准"的目标，构建以按预案抽组为基本形式、上级与下级紧密连接、通用力量与专业力量相互配合的国家应急救援力量体系，并要树立"一专多能，一队多用"的队伍建设理念，确保应急救援专业队伍既能有效遂行地质灾害等自然灾害及其引发的次生灾害，交通事故、化学品泄漏等事故灾难，公共安全事件等突发事件的应急救援任务，又能完成地方党委政府赋予的其他抢险救援任务。

2.1.1.2　社会应急力量

社会应急力量是指从事防灾减灾救灾工作的社会组织和应急志愿者，以及相关群团组织和企事业单位指导管理的、从事防灾减灾救灾等活动的组织。目前在民政等部门注册登记的社会应急力量约1700支计4万余人，发挥其志愿公益、贴近群众、响应迅速、各有专长的优势，参与山地、水上、航空、潜水、医疗辅助等抢险救援和应急处置工作，在生命救援、灾民救助等方面发挥了重要作用。据不完全统计，2018—2020年，全国社会应急力量累计参与救灾救援约30万人次，参与应急志愿服务约180万人次，已逐步成为应急救援力量体系的重要组成部分。

志愿者救援力量是指提供应急志愿服务的组织与群体。我国志愿者队伍经过多年的努力有了极大的发展，已逐步成为应对国家重大灾害救援的重要辅助力量。

①志愿者救援力量区分。志愿者救援力量是专业应急救援力量的补充，合理运用志愿者救援力量可以弥补专业应急救援力量的不足。从志愿者服务的领域来看，志愿者几乎能够参与所有救援环节，包括参与现场救援、抢救伤病人员、卫生防疫、清理废墟、安置受灾群众、心理救助、开展募集捐款、灾后

重建等。因此，根据实施应急救援的不同阶段，应急救援志愿者力量可分为：防灾志愿者力量、备灾志愿者力量、紧急救援志愿者力量和灾后重建志愿者力量。防灾和备灾志愿者力量，主要协助政府和相关部门普及防灾救灾知识、培养民众自救互救能力；紧急救援和灾后重建志愿者力量，在紧急救援中主要参与现场清理、受伤人员救治、救灾物资运送、受灾群众的安置、心理救助，在灾后重建过程中以做义工和筹集善款等工作为主。

② 志愿者救援力量特点。志愿者救援力量往往由当地群众和非政府救援力量组成，他们对当地情况比较熟悉，并与社会各界有着密切联系，能够在第一时间展开自救和互救。志愿者队伍较为灵活，在灾害来临时能够迅速组建，灾害处置结束后予以解散。志愿者队伍能够较好地辅助专业应急救援力量，减少救援成本，达成就近就便快速形成多方救援力量、合力实施救援的目的。

③ 志愿者救援力量建设。首先，应建立国家性的志愿者管理机构。建立志愿者管理机构既是具体落实国家法规与政策中关于建设志愿者力量、发挥志愿者应对灾害的积极作用等的客观需要，也是规范志愿者队伍发展的前提。志愿者管理机构可分为国家级、省级、地市级和县级，其中国家级与省级主要负责制定相关规章制度、发展规划，地市级与县级负责志愿者的招募、培训、派遣等具体工作。其次，要明确志愿者力量的功能定位，准确把握志愿者队伍建设的方向。虽然志愿者在应对重大突发事件中能够发挥积极作用，但志愿者大多缺乏应对紧急事件的经验，没有经过系统的专业训练，特别是在施救过程中往往会出现与其他专业应急救援力量沟通不畅、资源重复等问题。这就需要建立全面的应急救援志愿者体系，在平时的应对准备工作中采取多方联合培训的方式，使志愿者了解应对突发事件的相关内容，熟悉和掌握其承担的职责与救援的程序，形成良性的沟通与合作机制，从而提高志愿者应对各种灾害和突发事件的能力。

2.1.1.3 基层应急救援力量

基层应急救援力量是指乡镇街道、村居社区等组建的，从事本区域灾害事故防范和应急处置的应急救援队伍。目前全国乡镇街道建有基层综合应急救援队伍 3.6 万余支共 105.1 万余人，基层应急能力标准化建设稳步推进，社会参与程度不断提高，探索出行之有效的基层应急救援力量建设的"济宁模式"，逐步构建起基层应急救援网格体系，较好地发挥了响应快速、救早救小作用，成为日常风险防范和第一时间先期处置的重要力量。

按照"五分钟响应，十五分钟到达，二十分钟内开展施救"的标准，推动在乡镇街道重点区域按照标准建设微型应急救援站（点）和训练设施场地，指导村居社区整合相关干部、物业人员、医护人员、志愿居民等成立应急救援队伍，根据本地灾害事故特点和救援需要配备应急救援器材装备，满足本区域内日常风险隐患排查和一般灾害事故应急救援需要，增强基层风险防范、先期处置和自救互救能力。

2.1.2　应急救援力量的建设

2021 年国务院印发的《"十四五"国家应急体系规划》明确了我国应急救援力量建设发展的方向，包括应急救援主力军国家队、行业救援力量专业水平、航空应急救援力量和社会应急力量等四个方面。

2.1.2.1　建强应急救援主力军国家队

国家综合性消防救援队伍要践行"对党忠诚、纪律严明、赴汤蹈火、竭诚为民"重要训词精神，全面提升队伍的正规化、专业化、职业化水平。积极适应"全灾种、大应急"综合救援需要，优化力量布局和队伍编成，填补救援力量空白，加快补齐国家综合性消防救援队伍能力建设短板，加大中西部地区国家综合性消防救援队伍建设支持力度。加强高层建筑、大型商业综合体、城市地下轨道交通、石油化工企业火灾扑救和地震、水域、山岳、核生化等专业救援力量建设，建设一批机动和拳头力量。发挥机动力量优势，明确调动权限和程序、与属地关系及保障渠道。加大先进适用装备配备力度，强化多灾种专业化训练，提高队伍极端条件下综合救援能力，增强防范重大事故应急救援中次生突发环境事件的能力。发展政府专职消防员和志愿消防员，加强城市消防站和乡镇消防队建设。加强跨国（境）救援队伍能力建设，积极参与国际重大灾害应急救援、紧急人道主义援助。适应准现役、准军事化标准建设需要和职业风险高的特点，完善国家综合性消防救援队伍专门保障机制，提高职业荣誉感和社会尊崇度。

2.1.2.2　提升行业救援力量专业水平

强化有关部门、地方政府和企业所属各行业领域专业救援力量建设，组建一定规模的专业应急救援队伍、大型工程抢险队伍和跨区域机动救援队伍。完善救援力量规模、布局、装备配备和基础设施等建设标准，健全指挥管理、战备训练、遂行任务等制度，加强指挥人员、技术人员、救援人员实操实训，提高队伍正规化管理和技战术水平。加强各类救援力量的资源共享、信息互通和共训共练。健全政府购买应急服务机制，建立政府、行业企业和社会各方多元化资金投入机制，加快建立应急救援队伍多渠道保障模式。加强重点国际铁路、跨国能源通道、深海油气开发等重大工程安全应急保障能力建设。

2.1.2.3 加快建设航空应急救援力量

用好现有资源，统筹长远发展，加快构建应急反应灵敏、功能结构合理、力量规模适度、各方积极参与的航空应急救援力量体系。

① 航空应急救援大飞机建设项目。加快实施应急救援航空体系建设方案，完成进口大型固定翼灭火飞机引进、国产固定翼大飞机改装、大型无人机配备等重点项目，完善运行条件和机制，加快实现灭火大飞机研制。地方应急管理部门采取直接投资、购买服务、部门资源共享等多种方式，配置各型直升机、固定翼飞机，形成快速反应、高效救援能力。

② 航空应急救援基础设施建设项目。实施《全国森林防火规划（2016—2025 年）》，加快建设航空护林站（机场）。在综合利用现有军民用机场设施基础上加强直升机起降场地建设，在森林（草原）火灾重点区域合理布设野外停机坪。利用国家综合性消防救援队伍驻地、专业救援队伍驻地、应急避难场所、体育场馆、公园、广场、医院、学校等，增加一批直升机临时起降点。充分利用自然水源地，按照 30～50 公里的标准，完善森林（草原）火灾高危区、高风险区森林（草原）飞机灭火取水点、供油点，加强气象保障、训练基地、化学灭火等基础设施配备建设。

③ 航空应急救援实战保障建设项目。建设联通国家应急指挥总部、国家区域应急救援中心和省级综合性应急救援基地的航空调度信息平台，统筹航空应急救援力量指挥调度。依托相关科研院所、高等院校和航空企业，建设航空应急救援重点实验室、研发中心和创新平台，提升航空救援技术装备创新能力。建设航空应急救援飞行实验基地，培养航空救援指挥人才、飞行人员和技术支撑力量。

2.1.2.4 引导社会应急力量有序发展

制定出台加强社会应急力量建设的意见，对队伍建设、登记管理、参与方式、保障手段、激励机制、征用补偿等做出制度性安排，对社会应急力量参与应急救援行动进行规范引导。开展社会应急力量应急理论和救援技能培训，加强与国家综合性消防救援队伍等联合演练，定期举办全国性和区域性社会应急力量技能竞赛，组织实施分级分类测评。鼓励社会应急力量深入基层社区排查隐患、普及应急知识、就近就便参与应急处置等。推动将社会应急力量参与防灾减灾救灾、应急处置等纳入政府购买服务和保险范围，在道路通行、后勤保障等方面提供必要支持。

建立社会应急力量参与重特大灾害抢险救援行动现场协调机制，拓展社会应急力量救援协调系统，完善现场信息汇聚、救援报备登记、组织调度协调、数据统计汇总等功能，实现救援需求、救援力量、救灾物资精准对接和抢险救灾资源合理配置。结合国家和地方应急救援中心建设工程、专业应急救援队伍建设项目，储备一批救援装备物资，完善一批实训演练共享共用基地，为社会应急力量开展救援和实战训练提供保障。

2022 年《国务院安委会办公室关于进一步加强国家安全生产应急救援队伍建设的指导意见》指出：到 2026 年，国家安全生产应急救援队伍现代化建设取得重大进展，在现有队伍规模基础上适度新建一批队伍，队伍总数达到 130 支左右、人数 2.8 万人左右，队伍结构更加完善、布局更加合理、反应更加灵敏、行动更加快捷，跨区域救援实现 8 小时内到达事故现场，先进适用装备的应用水平显著提升，生产安全事故应对处置能力显著增强，先进救援技战术水平、规范化管理水平、信息化智能化装备水平和综合保障能力大幅提升。到 2035 年，建立与国家应急救援能力现代化相适应的国家安全生产应急救援队伍体系，队伍布局更加科学合理、救援更加精准高效，跨区域救援实现 5 小时内到达事故现场，行业领域内专业救援能力满足经济社会发展要求，形成依法应急、科学应急、智慧应急新格局。

2.2 应急救援力量的运用

应急救援力量的运用，是国家应对各类重大灾害的重要举措。确定应急救援力量的作用，不仅要充分发挥专业应急救援力量的作用，还要广泛发挥当地政府与灾区人民群众的作用，从而形成应对灾害的整体优势。通常包括力量运用的时机、力量运用的方式和力量运用的要求三个方面，如图 2-2 所示。

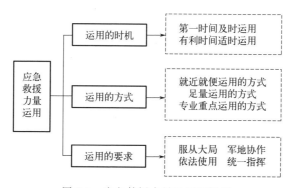

图 2-2 应急救援力量运用逻辑图

2.2.1 应急救援力量运用的时机

应急救援力量运用时机是指应急救援力量运用的有利时间条件。正确把握力量运用的时机，对于及时抢救人民群众生命与财产、控制灾害对社会的影响具有重要作用。国家重大灾害的应急救援力量运用应当选择有利时机，才能发挥最佳效果。在时机的选择上，要根据事件的种类、特点适时选择力量运用的时机。

2.2.1.1 第一时间及时运用

第一时间及时运用，是指在灾害事件发生后的最短时间内，动用救援力量进行处置。第一时间及时运用，要求运用者要果断决策，应急救援专业力量要迅速行动，及时到位、有效处置。如地震、洪水、海啸等重大自然灾害，重大火灾等事故灾难，通常情况下难以被预见，这类事件一旦出现，情况十分紧急，危害极大，必须及时果断运用专业救援队伍。

2.2.1.2 有利时间适时运用

有利时间适时运用，是指在掌握事件情况、准确判断的基础上，根据灾害事件的危害程度，在最有利的时间内动用救援力量迅速应对突发事件。有利时间适时运用，要求运用者要准确把握事件发展趋势和危害情况，分析有利条件和不利因素，掌握好力量运用的最佳时间，适时有效运用。

2.2.2 应急救援力量运用的方式

应急救援力量运用方式是指针对不同种类的重大突发事件，依据法律规范，按照预案，有序地完成救援力量调动所应采取的方法和规模适度、层级适情地使用救援力量所应采取的形式。

2.2.2.1 就近就便运用的方式

就近就便运用，是指在紧急的情况下，就近以最快的速度调动救援力量，控制局势，防止事态扩大的救援力量运用方法。在力量使用的过程中，首先应考虑使用重点力量、专业力量，但在紧急的情况下，要首先考虑使用就近的力量，这有利于提高反应速度，减少力量投送的距离，还便于熟悉当地民族风俗习惯、地理环境条件，利于行动保障，以及军地协调工作，能有效提高行动效率，为顺利完成任务争取时间，赢得主动。突出就近使用救援力量，也是由应对突发事件行动的特点所决定的。应对突发事件，时效性要求高，要求救援力量快速反应，迅速出动，在第一时间赶赴现场，控制局势，减少损失。

2.2.2.2 足量运用的方式

根据突发事件的性质、规模、危害程度，一次性调集足量的兵力，能够确保在最短的时间内快速有效地处置突发事件。这种方式通常在突发事件规模较小、范围可控时使用。指挥员或指挥机构应根据执行不同任务的性质，合理确定兵力使用的时机、规模、方式，以及不同兵种专业的兵力使用等，力求有效管用以提高救援效率。足量运用的方式，既强调时间上的集中，又强调空间上的集中；既强调人员的足量集中，又强调装备的足量集中，还强调技术的足量集中。如舟曲特大泥石流灾害救援，指挥部根据掌握的灾区受灾地幅狭小、不便于展开大规模救援等情况，一次性确定了足量的救灾兵力，避免了任务区救援力量的重叠使用。

2.2.2.3 专业重点运用的方式

专业重点运用，就是根据突发事件的不同性质，按照应对处置需求区分不同兵种专业确定救援力量的运用方式。通常在突发事件作业量大、危险性高、专业性强时使用。此种运用方式，应根据执行不同任务的需要，充分发挥陆航、舟桥、爆破、防化、医疗、防疫、水电、交通、运输等专业兵种优势和特长，区分不同性质，合理赋予相应任务，确保在关键时刻发挥特殊作用，形成整体合力。如抗洪救灾以舟桥专业救援力量为主，抗震救灾以工程救援力量为主，核生化灾害则以防化救援力量为主等。

2.2.3 应急救援力量运用的要求

应对重大突发灾害事件时，在救援力量运用方面，除了应遵循一般原则外，还应把握好力量运用的基本要求。

2.2.3.1 服从大局

服从大局是指在动用专业救援力量应对重大突发事件时，要把维护国家的战略利益和实现国家的政治目的放在首位。无论是处置什么类型的重大自然灾害，无论是国内救援行动，还是参与国际救援行动，都要服从服务于国家的根本利益。要站在战略全局的高度分析所面临的形势，正确赋予救援力量任务，确保维护国家和广大人民群众的根本利益。当国家的核心利益与其他利益发生冲突时，要坚定维护国家利益不受损害。指挥员要从大局出发，果断决策，防止发生因局部利益损害全局利益的现象。

2.2.3.2 依法使用

依法使用救援力量是指在动用专业救援力量和军队、武警力量参与国内外救援时，要依据国家有关法律，以及国际法和国际惯例，果断动用救援力量和采取有效处置手段。在应对国家重大灾害方面主要依据《中华人民共和国突发事件应对法》。在应对重大自然灾害、事故灾难和公共卫生事件时，事发地驻军可根据地方政府的请求按指挥权限和有关规定要求行动，以最大限度地减轻灾害对社会造成的影响。

2.2.3.3 军地协作

军地协作是指在动用应急救援力量时，应充分利用军地的不同资源，发挥军地各自的优势，相互协作共同完成应急救援任务。应对国家重大灾害，仅靠军地某一方救援力量很难完成，需要军地之间互相配合、密切协作、科学分工，形成一个协调一致的有机整体，才能保证国家应急救援任务顺利圆满地完成。通过军地协作，划分任务和职责，将军队和地方各职能部门在使用与管理应急救援力量中的责任和权限明确到位，便于各职能单位有针对性地做好相应的工作，避免责权不清，影响应急救援的整体行动。

2.2.3.4 统一指挥

统一指挥是指在动用应急救援力量应对重大灾害事件时，要围绕统一的目的，及时明确指挥关系和指挥员，以便实施统一的指挥、协调和控制。应对重大灾害事件，往往需要根据事件发生的地区、规模和性质，从不同方向临时调集各种力量，无论是军地联合处置，还是以地方或军队为主处置，都会涉及多元处置力量。因此，必须按照"属地统一领导、军队集中指挥"的原则，组织实施统一行动。这主要是指军队参与处置时，应在事发地党委和政府的统一领导下进行，具体任务由上级明确的指挥机构赋予。其中，军队（武警）各级按照指定的指挥关系（隶属关系）和指挥权限指挥部队行动，地方按照行业、部门和业务范围实施授权指挥。

2.3 应急救援投送概述

应急救援投送是在军地各相关部门的配合下，利用各种运输工具向事发地域实施远程投送的行动。它是应急救援行动的重要阶段和保障完成应急救援任务的前提条件。在应急救援中多采取属地范围内进行投送的方式，对跨区域应急救援投送相对较少，应急救援投送问题是制约应急救援行动的现实问题。理解和掌握应急救援投送的基本定位和特点，对深入研究应急救援投送具有重要的现实意义。

2.3.1 应急救援投送的定位与特点

应急救援投送主要是指应急救援力量投送和应急救援物资装备投送。它既包括借助自身投送工具进行投送，也包括借助自身之外的投送工具进行投送，投送类型可分为陆上投送、水上投送和空中投送。

应急救援投送与输送有着不同的含义，但二者又有着相同的功能。输送是使用运输工具将应急救援力量由一地运送至另一地的行动。从定义可见，应急救援投送和输送虽然都具有将应急救援力量由一地运送至另一地的特点，但两者还是有明显区别的。一是背景不同。投送是在情况紧急的条件下使用，具有强制性，而输送没体现这一特性。二是时效性不同。投送的时间性比较强，要求快速进入救援现场，实施救援。尽管输送也讲时效性，但是与应急救援投送行动相比，无论是紧迫性，还是对全局的影响性都有很大的差距。三是运用时机不同。输送主要用于平时，而应急救援投送则主要运用于紧急状况。

应对国家重大灾害救援行动要求应急救援力量必须做到反应迅速、快速到达、快速救援。而且，应急救援投送不但是应急救援力量的投送，更重要的是应急救援物资和救援装备的投送，这就给应急救援投送提出了更高的要求，也使其呈现出许多新的特点。

① 指挥层次高：应急救援投送是一种特殊情况下的行动，这种投送单靠某一单位或行政区域的力量是很难完成的，往往需要跨越一个或多个行政区域，而后实施救援。这样一个过程，指挥及保障关系转换多，没有宏观上的调控机制，就难以对投送中出现的特殊情况进行不间断的指挥和协调。因此，必须建立权威高效的指挥协调机构，统一协调、统一保障，才能使投送沿途各交通运输部门发挥应有的作用，从而保障应急救援投送的顺利实施。

② 涉及范围广：应急救援投送是军地各救援力量的联合行动，在整个投送过程中，任何环节的疏忽，都将给应急救援带来直接的影响。应急救援投送是一项复杂的系统工程，指挥、协调单位多，组织难度大，涉及铁路、公路、航空、民政等多个部门，其工作量大，影响面广，这些都是应急救援投送呈现出的新特点。

③ 制约因素多：应急救援投送受到的制约因素较多。主要表现有：受自然环境因素的制约，由于投送受风、雨、雾等特殊气候的影响，任何线路的损

坏都将直接导致投送受阻，或延缓投送时间；受基础交通设施的制约，无论采取什么方式进行投送，都需要完备的交通设施来保障，当前许多地方的交通设施特别是偏远地区的交通设施还不完备，公路、铁路、机场运力不足，效率不高，这些因素对应急救援投送都将带来不同程度的影响；受运输工具的制约，应急救援投送需要大量的运输工具来保障，但是当前军地各应急救援力量的运输能力有限，特别是水上和空中的运输主要靠地方的运输工具完成，这种投送力量的薄弱已成为应急救援投送的瓶颈，严重制约了应急救援投送行动的顺利实施。

2.3.2 应急救援投送的基本要求

应急救援投送要求做到快速、准时和安全，这是对应急救援投送的总体要求。落实好这些要求，对圆满完成应急救援投送任务具有十分重要的现实意义。在应急救援投送中，只有按照快速、准时、安全这一要求行动，才能完成应急救援投送的任务。

2.3.2.1 周密计划，严密组织

应急救援投送，是把军地各应急救援力量从不同的地域，运用多种方式，快速向灾害救援现场实施远程机动的行为。应急救援投送方式多样，情况复杂，必须增强组织工作的严密性，周密制订投送计划。为更好地保障应急救援投送行动的顺利实施，应做到以下几点：一是认真领会上级投送意图和本级的投送任务，熟悉各种救援装备、物资装载标准，掌握各种运输工具的技术性能、投送所需时间等信息资料，以便为应急救援投送提供科学的依据；二是严密组织投送准备工作，特别是要搞好装备的检查维修和物资器材的准备工作，要根据救援任务要求和救援地区的自然条件，统一携运物资的种类、数量、标准和方法，并进行严格的检查；三是严密组织投送保障工作，应急救援投送涉及保障的部门多、环节多，在组织投送时既要考虑到整体，又要把握重点。

2.3.2.2 军地结合，共同保障

在应急救援投送中，军地各应急救援力量必须注意发挥地方行业的优势，共同计划交通线的使用，把军队的保障力量与地方保障力量有机结合。一是要坚持军民结合的方针，形成融合式保障。根据应急救援投送的实际需要，选定保障地点、设施，明确重点应急救援保障物资的种类和范围，并按投送地域进行合理布局。二是坚持整体保障的原则，建立军地联合保障体系。根据应急救援对各种物资的需求，采取统一供应的方式，尽量减少保障层次、节省时间、

提高效率。三是着眼需求，筹组机动保障力量。要从救援力量中抽调一定力量建立机动保障群，使其具有供、修、运等功能，军地各保障机构和保障力量之间要建立紧密的沟通和协调机制，以便在投送保障中发挥整体效能。

2.3.2.3　准确到位，确保安全

应急救援投送的关键在于准确到位，即在规定的时间、地点按时投送到位。在应急救援投送时，必须做到精心组织，确保安全。一是要确保在规定时间内投送到位。在救援行动中时间就是生命，因此救援装备和物资必须在规定的时间内投送到救援现场。只有在规定的时间内把救援装备和物资投送到位，才能实施有效救援。二是要明确投送的地点。明确时间、地点可以有效地使救援力量、救援装备、救援物资及时投送到位。需明确的地点主要包括：集结地区、待运地区、装载地区、转换地区、卸载地区，以及收拢集结地域等。三是应加强对投送中的意外事故和天候影响的防范工作。在应急救援投送中要加强交通管理和气象水文保障，克服意外事故以及天候带来的不利影响，确保应急救援投送安全准时到位，以保证救援工作顺利展开。

2.4　应急救援投送类型与方式

应急救援投送，按照不同的投送类型、方式，有着不同的特点和要求。合理区分应急救援投送类型与方式，对应急救援投送有着重要的指导作用。

2.4.1　应急救援投送的类型

根据应急救援投送需要，可分为应急救援陆上投送、应急救援水上投送和应急救援空中投送。

2.4.1.1　应急救援陆上投送

应急救援陆上投送，是指从陆上向救援地域投送救援力量、装备、物资的方法。陆上投送可分为铁路、公路、铁路与公路混合投送。

① 铁路投送是指利用火车实施的投送。应急救援的跨区投送主要靠铁路投送，铁路投送是应急救援投送的基本手段。据计算，火车与汽车相比，用相同的燃料，火车的运量是汽车的 4～6 倍；飞机与内燃机车（列车的一种）相比，运输同样的货物（人员），飞机的耗油量是内燃机车的 30 倍。但是，铁路投送线路固定，专业技术性强，协调工作复杂。

② 公路投送是应急救援陆上投送的一种方法。公路投送具有机动灵活、

适应性强等特点，是投送应急救援力量、救援装备和物资的重要手段。公路投送在应急救援投送中优点和缺点同样显著，优点是便于机动，缺点是各类灾害往往使道路损坏，投送难以得到保障。因此，在组织与实施公路投送时，需要注意将投送的各个环节紧密结合，加强交通调整、维修，确保快速安全地完成公路投送任务。

③ 公路与铁路混合投送。要完成繁重的应急救援投送任务，仅仅靠单一的陆上投送方法是远远不能适应需要的，只有综合运用铁路投送和公路投送，并采取多种手段综合保障，才能完成应急救援投送任务。在具体组织过程中，充分利用公路投送机动灵活、适应性强的优点和铁路投送经济、可靠、运力大、续航力强、受天候季节影响较小、可在较恶劣的气候条件下昼夜连续投送等优点，适时转换投送方式，使各种投送方式形成优势互补的最佳组合，装、运、卸、转紧密衔接，实现投送过程一体化，提高投送效率，保证应急救援投送的顺利进行。

2.4.1.2 应急救援水上投送

应急救援水上投送，是指使用水上运输工具，将应急救援力量、装备和物资投送至灾害现场的方法。按投送工具的不同，分为制式舰船投送和民用船只投送。

① 利用制式舰船投送。应急救援水上投送的制式舰船，是指用于投送应急救援力量、应急救援装备及其他应急救援物资的海军和陆军建制内的舰船。主要包括登陆艇、运输舰、两栖货船、气垫船、冲锋舟等。

② 利用民用船只投送。应对重大灾害的海上投送，军队一些专用舰艇受到限制，因此，必须利用和借助民用船只进行投送。在应急救援水上投送中，大量民船能够发挥更大的作用。从目前情况看，适合水上投送的民用船只较多：按运载对象不同，主要有货船、客船和客、货船；按装载方式不同，分为滚装船、吊装船；按装载货物的类型不同，分为散货船和集装箱船等。

2.4.1.3 应急救援空中投送

应急救援空中投送，是指在不便于使用水上和陆上投送时利用空中运输工具快速投送应急救援力量、装备和物资的方法。应急救援空中投送按不同的分类方法，有不同的种类。从时间上，可分为短距离空中投送和长距离空中投送。短距离空中投送，在投送距离较近或任务规模受限时使用。长距离空中投送，在投送距离较远、时效性要求高时使用。

2.4.2 应急救援投送的方式

在应急救援投送中，指挥员应该选择以运载量大、投送速度快、组织简便的方式为主。在现有投送条件的基础上，综合分析、权衡利弊，积极挖掘各方面的运力，充分发挥各种投送方式的优势，尤其要发挥空中投送的作用。要对投送走廊沿途，以及驻地附近运力的分布等情况进行广泛深入的调查，统筹安排，科学计划，将多种投送工具有机地结合起来，综合运用各种投送方式，集直达、接力、转运等多种投送方式为一体，提高投送速度。

2.4.2.1 直接投送

直接投送是将应急救援力量、装备和物资直接送达救援现场的行动。其主要特点为：一是中途不换乘其他运载工具；二是减少途中因转换投送方式而带来的工作量；三是组织指挥和协调保障等比较简单。但是，这种方法需要有一定的运载能力，以保证应急救援力量、装备和物资一次性顺利投送到位。

2.4.2.2 接力投送

接力投送像田径赛的接力一样，将应急救援力量、装备和物资作为"接力棒"一站一站地传下去，直到进入受灾地区为止。其特点为：一是投送距离比较远，通常在不能通过一次投送到位的情况下使用；二是中间转换投送方式时，工作量比较大、时间比较长，因此使用接力投送时应组织严密，行动有序。

2.4.2.3 多路多梯队投送

多路多梯队投送，是在一个方向上，沿多条道路，以多个梯队分散进行投送的方法，便于提高投送速度。多路投送时，关键是合理确定投送路线，要根据投送纵（梯）队配置位置和即将执行的任务区分路线，避免交叉和横向运动。在使用通道上也要分清主次和轻重缓急。通常执行主要任务的救援力量、装备和物资，利用近距离的主要通道投送；担负次要救援任务和保障任务的救援力量，则利用主要投送通道翼侧进行投送。尽量利用各种道路，最大限度地进行投送。为了合理地利用有限的通道，提高利用率，要合理确定各投送梯队的大小。梯队的大小，应根据投送时机、道路状况和投送方式及其工具的运载能力，结合应急救援力量的编制和装备情况灵活确定。

2.4.2.4 多方向投送

多方向投送是指几个不同方向同时组织多个救援力量，以多种方式进入救援地区。其特点为：一是便于充分发挥通道的作用；二是便于发挥投送工具的作用，节约运力，提高投送速度；三是便于大型救援装备投送。

2.5 应急救援投送的内容与实施

应急救援投送内容与实施是应对国家重大灾害救援的重要环节，在应急救援过程中起着关键的作用。应急救援投送内容与实施，既是应急救援的客观需求，也是应急救援实践发展的需要。研究应急救援投送内容与实施对于丰富和发展应急救援理论，增强军地联合应对各项灾害事件的能力具有重要意义。

2.5.1 应急救援投送的内容

应急救援投送的内容主要包括：应急救援力量投送和应急救援装备物资投送。

2.5.1.1 应急救援力量投送

应急救援力量投送，是在国家遭受重大灾害、情况紧急时，对各种应急救援力量实施的投送。应急救援力量投送通常按照不同力量的建制序列有组织地实施。由于按建制投送，到达救援区域后，投送力量要逐步卸载、收拢，如果组织不好将造成卸载区的混乱，难以在短时间内形成救援能力，因此在力量投送过程中，要力争做到救援单位以相同隶属关系的力量进行编组，制订统一的投送计划，尽可能采取相同力量集中投送，确保一次投送就能快速形成救援能力。

2.5.1.2 应急救援装备物资投送

应急救援装备物资投送，是指除投送救援力量携行装备物资外，根据救援需要，随后投送不便携行的大型装备及其他救援物资。应对国家重大灾害，对装备和物资依赖较大，仅靠人自身的力量难以完成大型的灾害救援任务。因此，应急救援装备物资投送是救援工作的重中之重。为了完成装备和物资投送任务，通常采取定点投送救援装备、划片投送救援物资的做法。大型救援装备投送不但费时而且费力，很难在受灾地域获得，又是救援的急需，所以必须按救援力量的要求定点投送，这样才能以最快的速度使人机结合，形成救援能力。救援物资投送以救援区域投送为重点，这样便于救援物资卸载和发放。

2.5.2 应急救援投送的步骤

实施应急救援投送要面对多种困难复杂的情况。特别是在应对国家重大灾害时，交通线路、机场、码头等运输基础设施严重受损，这些外部环境都将严重制约应急救援投送的实施。应急救援投送实施的制约因素相对较多，程序也更繁杂。如果不理清头绪，没有科学组织，将会大大影响投送的效率，从而影响应急救援效能的发挥。具体说来，应急救援投送大体上可分为三个阶段，即投送前的工作、投送中的工作和投送后的工作。

2.5.2.1 投送前的工作

各项应急救援准备工作是投送的前提。准备工作是否充分，是投送能否顺利实施的决定性因素之一。应急救援准备，包括拟制各种投送计划、选择装载投送地域、组织各种投送地域保障等工作。

① 拟制各种投送计划。应急救援投送是一个十分复杂的过程，周密细致的计划是确保投送有条不紊实施的前提。应急救援投送计划，是指担任应急救援投送任务时所做的投送计划，通常由应急办或担负救援任务的牵头单位协调涉及的相关部门和人员参加，与涉及的运输部门共同拟定。应急救援投送计划主要包括三部分内容，即装载、投送和卸载的工作。装载的工作，主要体现在装载计划中，该计划是实施装载的依据，没有准确、详细的装载计划，装载将会陷于被动盲目状态。装载计划主要根据上级赋予的任务、应急救援队伍、运输投送工具数量及技术性能状况等因素决定。受领投送任务后，应根据救援的实际情况拟制计划。为使计划切实可行，拟制时，要以军地的应急办或担负救援任务的应急救援力量为主，在运输部门配合下共同拟制。拟制计划要及时准确、简明适用。计划的形式一般采用表格式并附以要图。

拟制投送计划时，有关部门应分别对担负救援任务的实有人员、车辆、装备、各种物资器材的数量和准确尺寸进行统计、测量并加以核实，并向负责投送的运输单位了解投送工具的技术资料，主要是了解所使用运输工具的种类、型号、吨位、形状及可使用面积和空间，固定装备所需要器材的种类、数量等资料。另外，还要了解和掌握参与投送的运输力量的状况等，为制订装载计划提供准确、翔实、充分的资料。在完成上述工作的基础上，担负应急救援投送任务的力量要及时会同参与投送的其他力量共同拟制投送计划，主要包括装载任务和运输工具的区分，装载的先后顺序和要求，装载时间、地域分配，开进路线的选择，指挥机构的组成、责任权限，保障力量的组成，在装载过程中可能遇到的问题及处理措施等内容。

② 选择装载投送地域。应急救援投送地域是由各应急救援力量、装备和物资集结地域组成的区域。通常根据整个救援部署和救援实施的进程统一筹划确定，也可以由下级指挥员根据上级意图自行选择，无论哪种情况，这一区域必须具有较合适的地形和良好的通行条件，便于应急救援力量机动和装备、物资快速装卸载。为使应急救援力量、装备和物资迅速有秩序地装载，在一个装载地域内应根据实际情况选择多个能平行展开作业的投送点。另外，良好的社会资源和社会条件与当地政府和人民群众的大力支援，也是应急救援投送的关键。

③ 组织各种投送地域保障。投送装载地域保障，通常由当地政府和行业交通运输部门协调，需要应急救援投送单位配合进行。应急救援投送重在提高时效性，因此应急救援投送保障要按照地区行政区划，划分若干保障区域，实施区域性保障，确保在第一时间动员该地域内的各方与投送有关的保障力量，就地筹集物资，对区域内救援力量和跨区救援力量实施各种投送保障。

各救援力量在遂行应急救援行动时，要立足于独立保障，积极与地方政府、非政府组织和各行业组织加强联系协调，充分利用社会保障资源来弥补自身保障力量的不足。担负应急救援任务的力量平时就要结合自身情况，全面分析自身在快速反应中的保障能力需求，并商请投送地域的相关部门给予支援解决。

2.5.2.2 投送中的工作

应急救援投送中的具体行动是关系到应急救援力量、应急救援装备能否快速准确到位的实质问题，也是应急救援投送的重点环节。应急救援投送中的具体行动，包括各类人员、装备和物资的编队、装载与开进三个阶段。

① 编队。通常按投入应急救援的实战需要进行编队，并根据救援意图、救援任务和投送条件等因素考虑投送的时间和运输的工具。可编为先遣勘察队、协调联络队、救援突击队、应急救援排障队、装备投送保障队、物资投送保障队和其他应急救援力量。如果投送规模大、救援力量多，也可以单独组成应急救援力量投送队。

② 装载。装载是将救援人员、装备、物资、器材、特种救援车辆等运送到运输工具之上的一种行动。装载时要充分利用各种运输工具，确保多装快装，提高装载效率。一方面要充分利用运输工具，根据各种运输工具的投送能力，合理确定装载方法，使现有的各种运输工具都能得到充分利用；另一方面要根据地形条件、运输工具运载能力和救援装备特点，合理确定装载方法和地点。通常应以基本救援单位为模块，按救援编成和救援部署，力求将建制救援

力量和配属救援力量，及其装备、器材装在同一运载工具上，不能只考虑装载面积及空间的使用效率，而破坏了救援编成的完整性，使之到达救援地域后难以迅速生成救援能力。

③ 开进。实施开进是指挥员组织所属应急救援力量实施机动，按时到达指定位置的重要环节。指挥员要按照开进计划严密组织，妥善处置各种情况，确保救援力量按时到位。按照先重点救援地区后次要地区、先第一梯队后其他梯队的顺序实施开进。各应急救援单位在组织开进时，要注意以下两方面。一是要建立开进管理领导组织。指定车、船、机（车、厢）长，带车人员及安全员、信号观察员，并明确职责；规定好联络信（记）号。开进中，要以自觉维护开进秩序、确保安全为重点，严格执行规定，防止发生意外。二是要加强管理，掌握情况。要随时掌握开进管理和人员装备损失情况，果断处置意外发生的问题，并及时将有关情况上报，确保在任何情况下都能按时到达指定位置。

2.5.2.3　投送后的工作

各救援力量到达指定投送地域后，要利用有利地形迅速开展人员收拢和装备、物资卸载等工作，并要认真清点人员、装备、物资和器材等，及时将有关情况向上级报告。

① 收拢人员。应急救援力量到达投送地域后，应抓紧时间收拢所属人员，对各种救援装备、物资进行清点，检查装备、物资和器材在投送过程中是否出现损坏或丢失等情况，并做好卸载准备工作。

② 卸载。应急救援投送到达预定地域后，应根据预定的方案迅速展开各自的卸载工作，准备完成后续任务。卸载时要综合运用现有装备器材和就便器材，合理运用卸载方法，根据人员、装备对卸载条件的需求和救援环境特点，多法并用，科学组织，提高卸载的时效性。卸载时，应注意理顺指挥关系，加强随机协调。卸载应贯彻先到先卸、快速投入救援的原则，保证卸载时紧张有序，忙而不乱，做到卸得下、运得出。

2.5.3　应急救援投送的注意事项

由于经济发展不平衡，边远地区和一些经济不发达地区的公路和铁路建设往往滞后于国家交通建设发展的平均水平，使未来应急救援投送尤其是向这些地区投送时不可避免地受到制约。因此，在应急救援投送中应重点把握以下问题。

2.5.3.1 建立并不断更新全国铁路、公路数据库

建立数据库是应急救援投送准备工作的重要内容，把铁路、公路的基本情况搞清楚是建立投送自动化指挥和保障网络的基础，应急救援职能部门要积极会同有关部门，把全国公路和铁路的数量、质量情况，尤其是各种交通枢纽、主要干线及其迂回道路等情况搞清楚，对各关键地区的保障和抢修能力、投送工具的储备和动员能力等，更要下大力气搞清楚。这是一个任务繁重、工作量较大的基础性工程，应抓紧做好。而且要根据国家和各个地方公路和铁路建设情况，及时补充、完善，不断更新。根据所建立起来的数据库，预先研制能自动生成适应各种任务、各种情况、各种时节、各个方向、各种条件下投送的自动化指挥和自动保障的软件系统。

2.5.3.2 注重公路、铁路投送间的转换

陆上应急救援投送中，组织公路投送与铁路投送的经验一般较为丰富，但是二者之间的转换训练往往存在薄弱环节。一是两者之间的转换速度不能适应重大灾害救援对陆上投送的要求。二是两者之间转换的规模往往不能适应较大规模应急救援投送的需要。三是两者之间转换的组织与实施的指挥手段和方法与自动化指挥要求差距较大。为此，要把陆上投送的组织指挥软件作为一个分支系统进行研制，实现组织与实施应急救援投送指挥手段和方法的飞跃。同时，在公路投送和铁路投送之间转换的速度和规模上进行有针对性的训练，使"练为战"真正落到实处。

2.5.3.3 注重陆上投送与水上和空中投送间的转换

纵观以往的应急救援公路投送与铁路投送之间的转换，虽较之陆上投送与水上投送、空中投送之间转换的经验要多一些，但从未来应急救援的要求看，无论是组织指挥上还是转换的经验积累上，都相对比较薄弱，特别是陆上、海上、空中投送的转换。应对未来重大灾害，单一的陆上投送方式远不能满足救援实际需要，只有综合运用多种投送方式，充分发挥各种投送方式的优点，克服单一投送方式存在的不足，才能适应救援投送的快速性、严密性、准时性的要求。

2.5.3.4 注重推广和发展集装箱投送

应急救援物资采取集装箱投送，将成为应急救援投送的一种最为普遍的方式，因为集装箱可以将零散物资组合成便于装卸和运输的标准化单元，不需中

途倒装，有利于机械化作业和组织陆、水、空联运，具有安全保密、优化程序、简化手续、加速货物和车船周转、节省人力和费用等优点。救援集装箱还可以作为应急救援人员的住房、指挥部（所）、医疗所、修理所和仓库等，因此在救援投送中，更应重视推广和发展集装箱投送以提高投送速度和效能。

思考题

1. 应急救援的构成力量有哪些？如何有效地开展应急救援力量建设？

2. 应急救援投送方式有哪些？开展应急救援投送有哪些方法？

3. 应急救援投送可能存在的问题有哪些？如何有效避免这些问题？

第三章

应急救援指挥与管控

本章提要

本章介绍了应急救援指挥内涵、基本特征和指挥体系，应急救援管控的主要任务、方法和要求，重点掌握应急救援指挥方式、救援管控任务和主要方法。

3.1 应急救援指挥概述

应急救援指挥是一切救援行动的核心。应急救援指挥是指挥机构及人员为达成应急救援行动目的，按照规定的权限和程序，对军地救援力量所进行的一系列组织领导活动。应急救援指挥，既包括对参与救援各种力量的领导指挥，也包括各级领导指挥机构对所属力量的发令、调动、协调和控制。应急救援指挥的实质是指挥机构、指挥人员为使各救援力量保持救援能力、做好各项准备以及领导所属力量完成受领任务而进行的活动。它贯穿于应急救援的全过程，应急救援指挥的正确与否，直接影响救援的成败。应急救援指挥的目的在于统一思想、统一行动，最大限度地发挥军地各救援力量的整体优势，完成应急救援任务。

3.1.1 应急救援指挥的内涵

内涵和现象是辩证统一的，应急救援指挥的各种现象，从某一特定角度体现了应急救援指挥的内涵。人们若要认识应急救援指挥的内涵，就要全面分析研究应急救援指挥的各种现象，透过现象剖析其本质。应急救援指挥的实质就是指挥机构及人员对所属应急救援力量的救援准备和实施工作进行主观指导的活动，使各救援力量在救援实施过程中向着积极有利的方向发展，直到完成应急救援任务。

3.1.1.1　应急救援指挥是特殊的主观指导活动

应急救援指挥是一个特殊的领导活动，即指挥者在一定环境条件下，对指挥对象施加的一种主动影响，其目的就是使指挥对象的行为符合指挥者的主观意志，寻求主客观的统一。因此，应急救援指挥，作为一种特殊的有意识的人的社会实践活动，就其本质属性而言，是主观的，一切关于应急救援指挥的决心、方案以及救援指令等，都是救援客观实际作用于指挥者头脑的产物，属于主观指导的范畴。而一切存在于指挥者头脑之外的与应急救援有关的情况则是客观的。主观指导和客观实际之间的矛盾，存在于救援指挥活动的各个方面，贯穿于应急救援指挥活动的全过程。应急救援指挥就是要解决救援的主客体之间的矛盾。应急救援指挥效能如何，救援行动能否达成最终的目的，关键在于主观指导能否符合客观实际。可以说，各级指挥机构及人员对应急救援准备与实施的主观指导，决定了应急救援指挥的成败。

3.1.1.2　应急救援指挥是以运筹与协调为基础的共同活动

应急救援指挥运筹活动是应急救援指挥人员对各应急救援力量的救援准备与实施，做出决策并制订救援行动计划的过程。在应急救援的行动过程中，指挥员的运筹活动主要是组织收集和处理各种与救援和灾害相关的信息，据此进行分析并得出结论。另外，在应急救援活动中协调各方应急力量，实施统一的行动也是指挥的重要环节。应急救援活动往往是靠多种救援力量共同完成的，应急救援力量的构成，不仅涉及地方各行业的专业救援队伍，还涉及事发地的军队和武警部队，可以说应急救援力量十分复杂，协调指挥难度大，这就要求指挥人员在应急救援指挥中具有较高的指挥协调能力。

3.1.1.3　应急救援指挥是以决心为核心的决策、控制活动

决心是组织救援行动和救援力量遂行救援任务的依据，应急救援指挥的一切活动都表现在定下决心和贯彻实现救援决心上，定下决心的决策活动和实现决心的控制活动都是以决心为中心展开的。从这个意义上讲，应急救援指挥活动是定下决心的决策活动和实现决心的控制活动的总和，是以决心为核心的决策、控制活动。

应急救援指挥的根本目的是：统一意志，协调行动，最大限度地发挥各应急救援力量的救援能力，圆满完成救援任务，以减少人民群众生命财产的损失和维护社会稳定。这是一切应急救援指挥活动的总目标，也是其运行的出

发点。

3.1.2 应急救援指挥的基本特征

应急救援指挥活动作为一个特殊的社会实践活动，必然有其不同于其他社会活动的特征。应急救援指挥的基本特征，是应急救援指挥的外显形式，它存在于应急救援指挥活动过程中，表现在应急救援指挥的各个侧面。正确认识和把握应急救援指挥的基本特征，可以更深刻地认识和把握应急救援指挥的实质。同样，深刻地认识和把握应急救援指挥的实质，也便于更准确地去把握应急救援指挥的基本特征。

3.1.2.1 指挥方式联合化

现代应急救援的指挥参加力量多元化，通常由所在地党、政、军机关组成联合指挥机构，并具体实施救援行动，这对指挥的要求越来越高，使传统的单独指挥方式向联合指挥的方式转变。因此，应急救援中指挥关系相对复杂，如果协调不好，就会出现多头指挥的问题，造成救援人员无所适从，或者延误救援的最佳时机。

应急救援力量来源复杂，指挥必须高度联合：应急救援指挥向来是应急救援行动的龙头。以往的救援行动，由于参加力量单一、手段单一，其指挥应急行动多是靠某一力量的单独指挥。随着重大灾害的频发和参与力量的多样化，这对指挥人员提出了更高的要求，在应急救援指挥中更加依赖于科学的调度和优化编配救援力量。这些指挥优势的确立是以坚实高效的联合指挥机构为前提的，必须统一组织各应急救援力量实施联合行动，才能在应急救援的实践中取得最终的胜利。

应急救援资源高度聚合，指挥必须向复合方式转变：传统救援对指挥的要求较低，随着应急救援形态的逐步演进，参加救援的力量的数量和规模越来越大，新式救援平台不断投放到救援现场，应急救援力量更加多元，信息与知识在救援中的作用地位越来越突出，使应急救援指挥越来越复杂，客观上要求指挥人员承担更多的指挥任务，指挥人员职能也逐步向指挥活动的两级拓展，一方面要努力获取、分析各种灾情，另一方面又要组织计划应急救援行动、实时监控救援现场，这就决定了应急救援指挥力量的构成也将向复合型和综合型转变。

应急救援精确性高，指挥必须更加科学：运筹谋划是应急救援指挥机构的核心职能。从不同历史时期看，谋划方式经历了一条从以经验为主到以科学为主的发展道路。在科技还不够发达的年代里，指挥应急救援往往是靠经验，并在总结经验中为应对下一场灾害做好积极的准备。在信息时代，以往的成功救援经验虽然还在发挥不可代替的作用，但已经让出了主导地位。精确指挥等新型指挥方式成为主导，其更加注重科学技术手段的运用。为了获取更高的指挥效率，应急救援指挥的谋划运筹必须具备高度科学化的特征。

3.1.2.2　指挥程序网状化

传统的救援指挥体系通常是按不同应急救援系统的建制从上到下依序指挥，呈垂直状结构。这种结构较好地满足了上情下达、下情上送的沟通需要，有其形成和发展的历史必然性。从最近的重大应急救援行动来看，应急救援体系有了质的变化，救援中不但有军队、公安、武警，还有交通、能源、农业、卫生、环保、地震等相关行业的救援力量，这使得应急救援能力得到空前提高，但也给应急救援指挥带来挑战。因此，需要根据应急救援实际，将指挥程序从垂直结构向网状化方向不断发展。

应急救援不同隶属的指挥机构均是联合指挥网上的一个节点。应急救援联合指挥部可以通过上下左右贯通的网络，方便地与其他指挥机构、重要的信息网络节点相连。应急救援中将各级各类应急救援力量从纵向上穿起来、从横向上连起来，表现出扁平化的组织结构形式。在纵向上，减少指挥层次，缩短指挥信息的流程，建立信息化应急救援和各应急救援单元两级指挥机构；在横向上，着眼于信息化应急救援指挥的需要，将公安、武警、军队和交通、能源、农业、卫生、地震等应急指挥机构进行整合，在统一的应急动员系统的支持下，按照信息的流程，灵活实施指挥，完成信息的有效传递。

应急救援必须突出信息条件下的一体化联合指挥。随着信息技术的发展及信息化装备在应急救援中的大量使用，应急救援力量的构成发生了质的变化，无论应急救援行动规模大小，单靠某一支力量是很难完成救援任务的。现代的应急救援必须是由军地多种元素构成的一个相互关联、相互依赖、相互制约的一体化的救援系统。要发挥系统应有的救援效能，就必须依靠有效的集中统一指挥，使各应急救援力量在统一的指挥和协调下实施救援。一体化的联合救援指挥，只有在网状化条件下，才能把军地各应急救援力量集合起来，实施统一的应急救援指挥。

信息技术的发展为网状化应急救援提供了平台。现代信息条件下，通过网络能够在机动中获得完整的应急救援信息，实现横向和纵向上的"信息共享"。救援现场的各级各类救援力量乃至每个专业救援队员，都可以互通信息，了解救援现场的具体情况，也能使各级指挥员定下决心、采取行动、协调工作，从而提高效率。网状化指挥是现代信息条件下应急救援的必然要求，网状化系统不仅可以使较低级别的救援指挥在分散的情况下获得必要的应急救援信息，实施正确的指挥；同时，通过网状化的应急救援指挥系统，还可以使集中救援指挥得到加强。网状化指挥机构既满足了小规模或分散救援指挥的要求，也能够满足重大应急救援的指挥需要。

3.1.2.3 指挥手段信息化

由于各种信息技术的广泛应用，所以应急救援指挥在多数情况下，要处理的不是物质，而是信息，这就使应急救援指挥中的情报搜集与分发、运筹决策、指挥协调、通信联络、应急救援处置行动、保障供给，都与各种信息技术装备密切联系，并依赖于信息源而运转。应急救援整体力量的运用，也完全取决于对信息的采集、控制和使用，由于军队、武警、公安以及社会有关的电力、通信、水利、农业、环保、卫生、航空、地震等各种应急救援力量系统不同，这就需要在应急救援活动中，将各系统有机地连接，形成一个整体的系统，以发挥联合指挥的效能。

应急救援指挥信息增多，决策难度加大。信息技术的发展及其在各类灾情侦察领域的广泛运用，使灾情获取的手段已逐步发展成空地一体化的程度，联合指挥机关能够获得大量的灾情信息。指挥信息的增多，有助于指挥人员掌握灾情态势，但由于大量的信息需要处理、分析和决策，因此，所获取的指挥信息呈现出种类繁多、粗精不一、真假相杂的特征，有价值的信息被淹没在信息海洋之中，将给指挥人员做出正确决策带来很大困难。

应急救援指挥通信器材的信息化，使指挥效率不断提高。进入信息化时代，由于计算机网络技术的大量应用，应急救援指挥人员可广泛采用以计算机为核心设备的指挥自动化系统，指挥器材的信息化水平大大提高，智能化的辅助决策系统不仅能在短时间内处理指挥信息，还能为指挥员提供备选的应急救援处置方案，帮助指挥员定下应对决心等，使应急救援指挥的效率大大提高。

应急救援指挥层次模糊，指挥趋于军地联合。以往应急救援指挥层次界限较为分明，通常分局部、跨区等几个层次。而在最近的重大灾害救援指挥中，由于参加救援的力量多元，加之信息化装备的大量使用，使指挥变得更加复杂，应急救援已打破原有的指挥层次，逐步形成了军地联合指挥的格局。一场应急救援行动就是一场较大规模的社会性联动。这种军地联合指挥最突出的影响就是导致应急救援指挥层次模糊，局部救援、跨区救援趋于一体。

3.2　应急救援指挥体系

应急救援指挥体系是指指挥体系构成、机构主要职责、指挥关系区分等方面的特殊组织制度。明确应急救援指挥体系，对于提高应急救援指挥的效能具有十分重要的作用。因此，加强应急救援指挥体系的研究，是应急救援实践的重要环节。

3.2.1　应急救援指挥体系构成

从我国应急救援的实际情况看，应急救援指挥体系主要是由地方应急救援指挥体系和国家应急指挥总部共同构成。

3.2.1.1　国家应急指挥总部

国家应急指挥总部是国家最高指挥机构，是对参与处置的军地救援力量进行统一组织和领导的指挥机构。其基本职能为：在党中央和国务院的统一领导下负责管理国家重大突发事件，启动国家应急预案，下达各项救援任务，明确指挥和协调关系，评估事态发展，组织对外宣传，协调涉外工作，总结经验教训，研究制定和完善应急预案，以及领导日常应急指挥建设等工作。该指挥部由党中央、国务院、军队主要领导、有关职能部门领导和专家组成。

3.2.1.2　省级应急救援联合指挥部

省级应急救援联合指挥部按照属地管理的原则，由各省、自治区、直辖市党、政，当地驻军，有关职能部门和专家组成。其基本职能是制定和完善本地区应急预案，组织领导应急指挥建设及重大突发事件预测、预警和启动应急预案，组织领导、协调相关救援力量和物资调配，完成应急救援任务。

3.2.1.3　市（地）级应急救援联合指挥部

市（地）级应急救援联合指挥部由现场应急救援指挥部和市（地）级应急救援指挥部组成。现场应急救援指挥部由参加救援行动的各行业专业救援人员、区域内驻军指挥员和相关专家组成，具体负责一线的应急救援处置行动。按照属地管理的原则，市（地）级应急救援指挥部由各市（地）党、政和驻军主要领导、有关职能部门和专家组成。市（地）级应急救援联合指挥部基本职能是制定和完善本区域应急救援预案，组织领导应急救援能力建设，预测、预防重大突发事件，启动应急预案，组织领导、协调相关救援力量和物资调配，完成应急救援任务。

3.2.2　应急救援指挥关系区分

应急救援指挥关系，是指参加灾害救援行动的军地各级指挥机构的上下级和友邻单位之间所形成的各种关系的总和。在确定指挥关系时，应当从灾害救

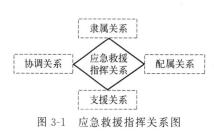

图 3-1　应急救援指挥关系图

援的实际需要出发，遵循简洁、合理、顺畅的原则，特别是应对国家重大灾害跨区遂行应急救援任务时，指挥关系相对较复杂，既要接受上级和本级的指挥，还要接受灾区临时指挥部的指挥，有时还要实施越级指挥，因此必须理顺各种指挥关系，一般应急救援指挥关系如图 3-1 所示。

3.2.2.1　隶属关系

隶属关系即军队和地方对各自所属力量构成的指挥关系。这种指挥关系是军地内部固有的上下级关系。在遂行应急救援行动时，地方行动力量由地方指挥机构直接指挥，军队行动力量由军队直接指挥，两者没有相互直接指挥的权力。

3.2.2.2　配属关系

配属关系即为了完成任务，将一部分力量加强给另一部分力量所形成的指挥关系。这种指挥关系是临时性的，不具有隶属性，可能形成于任务的某个阶段，当这一阶段任务完成后自动解除配属关系。如在抢险救灾中需要爆破力量遂行开辟通道、拆除建筑、炸堤泄洪等任务时，可将爆破分队直接加强给救灾力量遂行任务。

3.2.2.3　支援关系

支援关系即在应急救援行动中以一方的组织指挥为主，其余力量给予协助配合时形成的指挥关系。这种指挥关系随机性很强，既可能发生在军、地之间，也可能发生在地方与军队内部。如在抗洪抢险时，工程部队对一线救灾部队的支援配合。

3.2.2.4　协调关系

协调关系即没有隶属关系的应对力量，为达成共同的救援任务而形成的相互协作的关系。一般情况下，相互协作的力量在共同的应急救援领导机构的统一组织下协同行动，共同完成应急救援任务。

以上四种关系并不是固定方式，实际运用过程中可根据救援实际需要适当调整。

3.2.3　应急救援指挥职责与权限

制约应急救援联合指挥的因素较多，包括应急救援的体制、机制、保障、指挥与协调等方面。为了减轻这些因素的影响，提高应急救援指挥效能，指挥机构在各类灾害救援中应遵循下列职责与权限。

3.2.3.1　指挥职责

贯彻上级意图：贯彻落实党中央、国务院、中央军委和上级关于应对国家重大突发事件应急救援的方针、原则和重要指示精神。

接收情报信息：应急救援指挥机构应当与地方政府，以及军队的救援力量建立专线，及时接收、掌握有关情况，对各类灾情、信息进行分析判断和印证。

组织协调力量：在灾害规模重大，影响面较广，而且出动应急救援力量多元的情况下，应在党中央、国务院和中央军委的统一指挥协调下组织军地救援力量调用。

组织各种保障：当灾害规模较大时，应在国家、地方层面上组织协调军地各类应急救援物资的保障。

监督检查落实：在重大突发事件救援中，指挥机构还要对各救援力量的执行情况进行监督检查，应急救援任务完成后要对救援工作进行总结与评价。

3.2.3.2　指挥权限

指挥权限，是指军地各级指挥机构和指挥人员行使权力的范围。明确和界定指挥权限是组织实施应急救援指挥活动的基础和前提。

① 军地联合指挥权限的明确和界定。军地联合实施指挥时，应依据现有法律和救援行动性质来确定，一般多采用地方属地指挥负责原则，联合指挥机构可以指挥和调用属地内的救援力量。

② 军队内部指挥权限的明确和界定。军队内部的指挥权限基本可以按照

现行指挥关系和条令条例规定来界定。但是在此基础上，还必须突出应急指挥的特点，着重对应急指挥权限做出界定。军队各级指挥员和指挥机构，在应急救援行动中可以行使本级军政主官的领导和指挥权，可在本级任务区内调动所属兵力和装备，可行使上级授权范围内的指挥和调动权力，可行使与任务区其他军地单位的主动协调权力；特殊情况下，按规定可行使边行动边上报或越级请示报告的权力。指挥权限的界定既要保证指挥机构的权威性，又要有利于及时应对各种突发事件。

3.3　应急救援指挥方式

应急救援实践表明，一定条件下的联合救援，需要与之相适应的联合救援指挥方式做基础。应急救援指挥方式运用正确与否，不仅关系到救援指挥的效率，而且影响救援的进程与结局。因此客观地分析应急救援指挥的方式，揭示其特点与规律，进而灵活运用应急救援指挥方式，具有重要的意义。

3.3.1　应急救援指挥的基本方式

掌握应急救援指挥方式，首先必须对救援指挥方式进行全面而深刻的认识。从一定意义上讲，救援指挥过程是指挥者对被指挥者行使职权的过程，职权的大小，不仅决定着指挥者指挥的广度和力度，也决定着指挥者实施指挥的自由度。一定的权力总是与力量调度和资源分配相联系的，权力越大，可供调度使用的力量与资源就越多，而力量与资源是实现救援目标的物质基础，只有两者相适应，才能保证指挥者实现有效指挥，达成救援目的。

应急救援指挥方式主要有军地联合指挥和各救援力量独立指挥两种。军地联合指挥是在应对国家重大灾害救援中最基本和常用的形式。军地救援力量联合行动实施时的集中统一指挥，是由联合指挥机构对军地不同的救援力量进行统一控制、集中掌握和使用职权的指挥方式。独立指挥是由地方各救援行业或军队、武警等某一支救援力量独立进行救援行动而实施的指挥形式。在单个系统内独立指挥所属救援力量进行救援行动有利于指挥员独立自主地处置情况，可简化指挥程序，减少指挥层次，有利于抓住时机，并为救援行动争取更多的时间。在应急救援指挥中，无论运用什么样的指挥形式，通常都有以下几种基本类型。

① 按级指挥：是依照隶属关系逐级实施的指挥。实施按级指挥，要求指挥员必须正确地行使自己的职权，对下要防止越过直接下级进行指挥，对上不能越过直接上级而请求更高一级指挥员的指挥，以免破坏正常的指挥层次。

② 越级指挥：是越过直属下级实施的指挥，通常在执行特殊救援任务或情况紧急时采用。越级指挥者应及时将其命令、指示告知被越级的下级；受越级指挥的下级亦需及时向其直接上级报告受领任务的情况。实施越级指挥，可减少当时不必要的指挥层次，提高指挥效率。

③ 委托式指挥：是指根据应急救援的总体意图，结合具体救援任务，委托下级指挥员所进行的自主的指挥方式。委托式指挥方式使下级指挥员有较大的指挥权，可以充分发挥下级指挥员的能动性，有利于指挥员现场指挥。实施委托式指挥，上级指挥员只是向下级指挥员明确任务内容和完成任务的时间、说明注意事项、提供完成任务所需的有关保障，而不规定完成任务的具体方式和步骤，下级指挥员可根据上级意图及实际情况，自主地指挥救援行动。

④ 靠前指挥：是指挥位置较之通常情况更贴近救援现场实施的指挥。靠前指挥是按照指挥主体相对客体的位置来划分的一种方式，其实质是通过指挥位置的前移，实现对部属的调度与控制。靠前指挥是应急救援行动中经常采用的一种指挥方式。当遇有重大灾害时，可视情况在现场建立精干的指挥组，负责对救援力量进行集中统一指挥。实施靠前指挥，可以更直观、充分地了解现场情况，预测事态发展趋势，根据不断发展变化的情况采取相应的措施，及时调整部署，组织救援力量做出相应的反应。

⑤ 加强指挥：是上级指挥员或其指派的人员，协助下级指挥员完成救援的指挥。这种指挥方式主要是按照救援力量是否增强而划分的一种方式，通常在下属救援力量执行主要任务或独立遂行任务时采用。实施加强指挥可以增强所属救援力量的指挥效能，确保救援任务的圆满完成。但这种指挥也容易影响下级指挥员的主动性、创造性和责任感。因此，在实施加强指挥时，上级指挥员要特别注意发挥下级指挥员的主动性和创造性，要尽量采取指导和协调的方式。

3.3.2 应急救援指挥方式的选择

准确运用应急救援指挥方式是实现有效指挥的前提。因此，正确选定应急救援指挥方式，对实现有效指挥具有重要意义。救援指挥方式的选择受多种因素制约，怎样选定指挥方式，是救援指挥理论与实践必须解决的问题。

3.3.2.1 应急救援指挥必须与救援任务相适应

应急救援指挥方式是为完成救援任务服务的。因此，它必须适应应急救援任务的指挥需要。不同的救援力量，担负的救援任务是不相同的，既有任务性质上的差别，又有任务类型上的不同。应急救援指挥方式只有适应特定救援任务的指挥需要，才有利于完成救援任务。所以，必须把与救援任务相适应作为选定指挥方式的基本条件。

根据救援任务的性质选定救援指挥方式。救援任务的性质，是指完成救援任务可能带来的社会、经济等方面的影响。应急救援任务性质不同，采用的指挥方式往往也不一样。当执行的救援任务将产生较大的社会、经济、外交和军事等方面的影响时，宜采用集中统一指挥，如应对国家重大突发事件等。有的救援，如局部森林火灾，虽然规模有限，但由于影响大，所以必须实施集中统一指挥。

根据救援任务的类型选定指挥方式。救援任务的类型是指所承担的救援任务的样式、类别。应急救援中，各救援力量担负的任务是不相同的；不同样式的救援，计划组织和进行救援准备的时间和条件不同，对组织指挥严密性的要求也不同。

3.3.2.2　应急救援指挥必须与环境、条件相符合

应急救援指挥方式的选择受环境、条件的制约很大，不看环境、不顾条件，仅从需要出发，盲目地选定救援指挥方式，不仅发挥不了不同救援指挥方式应有的作用，而且可能适得其反，造成不良的影响。因此，选定救援指挥方式，一定要从所处的环境出发，充分考虑现有的条件或可能创造的条件，使救援指挥方式与环境、条件相符合，保证所采用救援指挥方式的顺利实施。

要考虑指挥控制手段情况。任何救援指挥方式的选用，都建立在一定的物质基础上，指挥控制手段作为指挥的物质条件，对指挥方式选定有根本性影响。指挥控制手段的强弱，表现在指挥器材特别是通信联络器材的数量和质量上。指挥控制手段强，自动化程度高，选用集中统一指挥方式才有可靠的物质保障。否则，就难以实施有效的集中统一指挥，从而不得不考虑进行一定程度的委托指挥。

要考虑指挥环境的影响。指挥环境是指救援指挥所处的社会环境、天文环境、地理环境等，是救援指挥赖以进行的时间、空间等情况的综合。当时间紧迫、空间广阔、地形复杂、受能见度和通视条件的影响大，集中统一指挥有困难时，就不能不考虑一定程度上的独立指挥。相反，当救援现场情况可以一目了然时，则实施集中统一指挥比较有利。

3.3.2.3　应急救援指挥必须以提高指挥效能为着眼点

选择恰当的救援指挥方式，根本的目的是提高救援指挥效能，最大限度地发挥不同救援指挥方式对救援指挥的有利作用。选定救援指挥方式需要考虑的

因素多，往往要在相互矛盾的条件下做出选择，因此确立一个着眼点是做出正确指挥选择的保证。

要利于贯彻上级意图和决心。上级意图和决心，是指挥者指挥救援的基本依据。保证上级意图和决心的实现，是指挥者的责任，选择何种救援指挥方式必须以有利于贯彻和实现上级意图和决心为基本准则。如对上级明确的救援重点，则优先采取集中统一指挥方式，即使有困难，也要想办法克服，以保证重点任务的完成。

要适应救援现场情况的变化。救援指挥方式的选择不是一成不变的，必须适应救援现场情况的变化。要根据救援情况的发展，适时加以改变。当发现选定的指挥方式不符合救援行动实际时，需要灵活加以改变。

总之，应急救援指挥方式的选择，一定要综合考虑各种因素，权衡利弊。不仅要注意救援指挥方式的形式，更要注意救援指挥方式的本质内容，在职权分配与使用上下功夫，使职权的分配和使用与救援任务、救援现场实际情况相适应，使各种指挥方式优势互补、相辅相成，最大限度地发挥救援指挥方式的作用，以提高应急救援指挥效能。

3.4 应急救援管控概述

应急救援管控在完成应急救援任务中具有重要的作用和意义。应急救援行动突发性强、任务转换快，参与救援的力量多元化、协调要求高，社会关注度、透明度高，救援人员往往要直面生死，经受严峻的考验，这些客观因素会对完成应急救援任务产生一定影响，也对应急救援管控提出了更高的要求。因此，如何以组织性增强纪律性、以即时性增强有效性、以政治性确保方向性、以预见性增强适应性，高标准地对应急救援行动、人员、物资等所有相关因素实施有效控制，是应急救援的重要课题之一。应急救援管控是应急救援行动诸要素中的重要内容之一，是生成、巩固和提高应急救援能力的重要保证。尤其是当前应急救援的复杂程度越来越高，科学、高效的应急救援管控就成为高质量、高标准完成应急救援任务的重要支撑和基本保证。所以，厘清应急救援管控的概念，把握应急救援管控的特点和原则，是做好应急救援管控工作的逻辑起点。

3.4.1 应急救援管控的概念与特点

对应急救援管控概念的认识，既要从普通管理的相关理论角度思考，又要从应急救援的实际出发，做出科学的界定。应急救援管控是有特定指向范围的。所以，必须恰当、科学地界定应急救援管控在应急救援过程中应发挥的作用及应完成的主要工作。

3.4.1.1 应急救援管控的概念

应急救援管控的概念从大的方面讲属于管理学范畴，但它又被应急救援所限定。因此，应急救援管控是社会管理的一般理论知识和应急救援的理论、原则在应急救援管控实践中的具体运用。要深刻理解把握应急救援管控的概念，必须从一般意义上的管理概念谈起。

管理，从词义上解释就是"管辖和治理"的意思。它是人类共同生活和社会分工的必然产物。凡是有人类共同生活的地方，就有管理活动。管理就是在一定的组织中通过决策、计划、组织、领导和控制，协调以人为中心的管理资源并使之发挥最大效能，以实现既定的组织目标的社会活动。应急救援管控是通过领导决策工作、计划工作、组织工作、控制工作和协调工作的全过程来调配所有的应急救援资源，以达到应急救援目标的活动过程。其由五部分组成：

① 领导决策是应急救援管控的基础。在各类灾难发生时，根据灾难破坏影响程度，领导要做出以下决策：救不救、什么时间救、谁负责救、多少人去救、以什么方式去救等。

② 制订预案是应急救援管控的重要前提。领导决策后必须由相关部门来制订救援计划，以避免救援工作处于无序状态，影响救援的实际效果。

③ 组织实施是应急救援管控的关键环节。完善的救援计划若无人实施或执行不力都是空中楼阁而已，有组织地开展应急救援是管理的重要环节。

④ 过程控制是应急救援管控的重点。应急救援的所有工作程序、内容和结果等都需要强有力的控制，否则就可能出现应该做到位的没完成、不应该做的做了等问题，甚至会引起衍生或次生灾害。

⑤ 协调资源是应急救援管控的核心。应急救援资源的协调，包括资金、物质和人员三个方面，管理是有目的的过程，由此协调资源的目的就是达到既定的应急救援目标。

应急救援管控是指挥者对其救援资源进行有效整合以达到既定救援目标与责任要求的动态创造性活动，应急救援管控的核心在于对实际救援资源的有效整合。有效整合是指救援组织在其救援目标的指引下，明确分工以及在分工基础上对应急救援资源进行有效综合，以保证救援组织系统发挥最佳的整体功能。

3.4.1.2 应急救援管控的特点

应急救援是在特定区域发生的行动，时间跨度长，空间差异大，任务繁重，社会环境复杂，人员思想变化较大，因而应急救援行动中的管控作为一种特殊条件下的管理活动，既具有一般条件下管理的共同点，也具有其明显的突出特点。

① 政治要求高。提高应对多种安全威胁能力，是党和国家适应时代发展要求和我国安全形势变化，赋予各级承担应急救援责任的重大战略任务。应急救援行动往往基于国际国内政治、经济、民生、社会稳定和外交等需要而展开，关系国家安全和发展重大利益，具有极强的政治关联性。特别是各种自然的或人为的重大灾害灾难的抢险救援任务，各种矛盾交织、国内外广泛关注，各级组织和救援人员面临严峻的政治考验，稍有不慎就可能陷入被动，甚至引发政治性问题。

② 纪律标准严。重大应急救援任务使命特殊，必须在特定的时间、特定的范围，使用特定的救援手段达成救援行动的目的，没有严明的纪律做保障，行动就会背离救援目标，干扰全局甚至导致政治被动，这就要求各级组织、领导干部和救援人员必须更加强调执行纪律的严肃性，切实做到一切行动听指挥，确保上下步调一致、高度集中。

③ 管控难度大。遂行重大应急救援任务时，出动人员多，车辆装备多，救援器材多，组织协调难度大；组织和人员处于运动状态，行动中施管任务艰巨；各级各类救援人员进入生疏地域，指挥控制难度大；任务升级转换快，管控工作易出现"延时"和"断档"；各个救援过程和时节管控工作量大；应急条件下各类保障任务困难重重。

④ 组织协调难。遂行重大应急救援任务，往往参加人员多，救援组织的类型多，指挥层次多，组织协调工作十分复杂和繁重。比如，青海玉树抗震救灾行动中，既有当地政府组织的各级各类的救援组织，又有军队参与应急救援的数支陆军和空军部队；既有数个省市的支援组织、志愿人员和民兵预备役分队，还有全国各地十余支武警、公安消防部队。指挥体系上，既有地方党委、政府和公安、民兵预备役、人民群众体系，还有军队、武警、消防等体系，组织协调难度大。

⑤ 风险因素多。执行应急救援重大任务时，多部门、多力量密集部署，任务区人员拥挤，交通繁忙，容易发生意外事故；各类装备、工程机械和人工交叉作业，容易发生装备和人员事故；救援区域往往地形复杂、气候恶劣、面临次生灾害的威胁大；野外动态条件下，救援人员宿营管控、装备物资管控、信息管控等都面临新环境新情况。尤其在执行重大自然灾害以及制暴、反恐等救援任务时，救援人员直接面对冲突对抗和蓄意破坏等威胁及潜在误伤误炸危险，时刻处在高风险环境之中。

3.4.2　应急救援管控的原则

管理原则是管理者观察管理现象、处理管理教育问题的思维尺度，是人们从事管理活动必须遵循的行为规范。任何一项工作都有一定的规律以及遵循规律办事的原则。在人类长期应对自然灾害、抢险救援的实践中，也形成了一系列应急救援过程、内容、要求等应遵循的规律和思想，把这些规律和处理事情的思想提炼归纳，就形成了应急救援应该遵循的管控原则，对应急救援管控发挥主要的指导作用。

3.4.2.1　坚持集中统一

应急救援的任何行动都应该在统一的指挥下进行，任何各自为政、各行其是的行为都是需要坚决反对的。高度的集中统一，有利于建立和维护有效的救援秩序，有利于严谨的纪律和优良作风的发挥，有利于确保政令军令的畅通，有利于各级救援组织的密切协同和强大救援力量的整体合成。集中统一是完成一切任务的重要保证，是实行应急救援科学管控的一个重要原则。各级指挥员必须牢固树立整体意识和全局观念，坚决服从命令，听从指挥，主动接受指挥机构的指挥，搞好协调配合。要把应急救援管控纳入应急救援行动整体计划，统筹安排，周密部署，统一管理。针对不同环节，突出管控重点，搞好救援行动的衔接。重大救援行动任务应听从联合指挥部的指挥，对任务区内的组织及人员实施统一管控。区域性、一般性任务，可由系统内单位履行统一管控职能，对参与救援的组织实施属地管控或临时隶属管控。各级组织内部要建立自上而下的垂直指挥关系，防止多头和分散管控，确保组织指挥的集中统一。友邻之间要建立横向通报、协调关系，防止行动管控留有"盲区"和"缺口"。

3.4.2.2　坚持以人为本

以人为本就是以人的生命为本。应急救援管控就是在应急救援的过程中，所有的管控思想、管控制度、管控行为、管控活动都必须以尊重人的生命、关爱人的生命为指导思想，把挽救人的生命作为一切应急救援行动的出发点和落脚点。不仅要确保受害者和受灾人员的生命安全，还应该最大限度地保护参与救援人员自身的生命安全。以人为本的管控原则，就是人的价值观在应急救援行动中的具体体现。价值观的一致性、相容性是所有参与救援的组织和人员在应急救援活动中相互理解和协作的思想基础，也是救援人员实施管控、接受管控、实现救援目标的前提和保障。因此应着眼于应急救援组织和人员的价值观倾向变化、行为方式的状态和变化的相关性，努力营造适合于应急救援目标的价值观体系，使其充分发挥救援思想的内化、救援资源的整合、救援力量的凝聚、救援行为的规范、救援人员的激励等作用，使应急救援管控人性化、规范化和高效化，以抢救更多受灾人员的生命、保护更多救援人员的生命为应急救援管控的工作重心。

3.4.2.3　坚持阶段调控

应急救援管控贯穿于应急救援的全过程。救援行动准备阶段，要理解上级意图，明确任务，拟定措施，强化教育，健全组织。救援机动阶段，要搞好勘察预测，制定周密的机动方案，分梯次组织人员机动。各级各类救援组织到达地域后，要科学、合理地配置，实施全时制、全方位、全员额的封闭式管控。任务转换时，要针对灾害现场的实际，突出防思想松懈、防自满情绪、防纪律松弛、防非战斗减员等意识。驻守阶段，管控工作的重点是稳定思想、控制行为、规范秩序、改善环境、预防意外事故。救援回撤时，要根据上级的意图和命令，及时制定回撤时的管控措施，组织清理现场，做好善后工作，严格管控，保证组织和人员安全撤离。

3.4.2.4　坚持风险控制

所有参与应急救援的组织和人员都面临着巨大的风险。应急救援管控应针对救援风险因素，围绕组织机动、任务行动、人员管控、现场管控、救援物资管控、信息保密管控，以及地理气候、社情民俗等要素与环节，组织开展风险评估。向救援组织和人员以及受灾的人民群众发出风险预警信息，提出降低和规避风险的管控措施。对存在高风险的环节和具体任务，要制定出科学的防控措施，制定稳妥可行的操作规范，严密组织救援行动。必要时要组织以专业力量为主的突击队、任务组等，实施专业作业，防止因盲目蛮干而发生问题。在执行任务的各个阶段，要结合具体任务，采取静态分析与动态评估相结合、实地查看与定点监控相结合、定量分析与定性分析相结合等方法，灵活组织隐患排查。确保风险管控及时、科学、高效，最大限度地规避风险。

3.5　应急救援管控的职能和任务

应急救援管控包含两个方面的问题：一是管控的既定目标是什么，二是围绕管控目标主要管控什么。第一个问题就是指管控应发挥什么样的效能，即管控职能；第二个问题就是指实现既定管控目标要做哪些工作，即管控任务。应急救援管控的职能任务，就是规范管控在应急救援整个过程中应发挥的作用、功能和管控在应急救援过程中的主要工作、任务，使应急救援管控有清晰的职能和明确的任务，为应急救援任务的完成做好思想、组织保障。

3.5.1　应急救援管控的主要职能

管理职能，是指管理所具有的管理本质的外在根本属性及其应发挥的基本效能。管理职能是一种管理思想、管理文化，它是随着人们对不确定性的管理理论和方法的认识与研究而不断发展的。法国科学管理专家亨利·法约尔认为管理职能具有计划、组织、指挥、协调和控制五种功能。应急救援管控职能具有其独特的研究领域和特定的范围，为了便于分析问题，可以把一些职能进行归并，如把属于人的管理职能纳入组织职能，把属于机制性的管理职能（监督、指挥、协调等）纳入控制职能，同时考虑到协调职能要贯穿应急救援管控工作全过程，非独立职能，故不单独列出。对于应急救援中讲究"急""快""变""活"的特定对象，其管控的不确定性、可变性和灵活性更强，因此管控的创新职能更加突出。应急救援管控职能主要包括计划（含决策）、组织、领导、控制和创新，这些是应急救援管控活动中最基本的管控职能。

3.5.1.1　计划职能

计划是指对未来工作或行动的策划，是人们完成任务、进行各项具体活动的依据。通俗地说，就是预先决定干什么、如何干以及什么时间干、谁去干。应急救援计划职能就是根据各种灾害信息，通过周密的调查研究，分析预测未来，合理确定目标，制定具体可行方案，综合衡量后做出科学决策。计划内容既反映应急救援管控目标的各项指标，又规定了实现目标的方法、手段和途径，由此是应急救援管控的首要职能。

各种突发事件应急救援所涉及的人力和物质资源规模非常大，管控的内、外部环境瞬息万变，各种救援组织之间联系更为广泛，由此要求应急救援管控计划职能的加强。如果只注重应急救援眼前事务和短期利益，不注重长远战略，会使救援组织没有"方向"；如果只注重局部或部门救援计划，不注重整体、全局性救援规划，救援组织的整体功能就发挥不出来；如果只注重依据内部经验教训的谋划，不注重利用"外脑"的智囊决策，就会使救援组织工作失误增加。由此应急救援管控特别强调计划职能。

3.5.1.2　组织职能

组织就是管控要素按目标的要求组织合成一个整体。组织工作正是从人类对合作的需求中而产生的。应急救援管控计划的实施要靠各级领导和各类管理人员的共同合作。应急救援管控要在实施决策目标和计划的过程中，形成比个体总和更大的力量、更高的效率，就必须根据应急救援任务的要求与救援人员的特点，进行救援行动设计，通过授权和分工，将适当的人员安排在急需、恰当的岗位上，用制度规定救援成员的职责和上下左右的相互关系，形成一个有机的组织结构，使整个组织协调地运转，这就是应急救援管控的组织职能。组织职能是应急救援管控决策和计划得以落实的基本条件。

应急救援管控的组织职能有两个方面的作用：一是按照应急救援管控的目标，合理设置机构，建立管控体制，确定岗位职责，合理配备救援力量，建立起统一有效的管控系统；二是根据各个时间、各个救援环节的任务所规定的目标，合理地组织人力、物力、财力等救援资源，保证各个环节相互衔接以取得最佳的救援效果。因此，组织职能是管控活动的根本职能，是其他一切管控活动的保证和依托。

3. 5. 1. 3　领导职能

计划与组织工作做好了，还不一定能保证组织目标的实现，因为组织目标的实现要依靠组织全体成员的努力。配备在组织机构中各个岗位上的人员，由于各自的目标、需求、偏好、性格、素质、价值观及工作职责、掌握信息量等方面存在较大差异，在实际合作中会产生一些问题。这就需要有权威的领导者进行管控，指导救援人员的行为，沟通各类人员之间的信息，增进相互的理解和支持，统一救援人员的思想与行动，激励所有人员自觉地为实现组织目标而共同努力。应急救援管控的领导职能就是对各级组织和全体救援人员，运用领导的权力，发挥领导的权威，按计划目标的要求和救援现场的实际情况，把各个方面的工作统率起来，形成一个高效能的指挥与控制系统。

应急救援管控的领导职能要发挥以下三个作用。一是统揽应急救援管控活动的全局。调节各类救援组织和成员的关系，根据救援现场的态势，随时发出管控指令和命令。二是统领应急救援管控的所有工作。要对全局或局部的救援工作及管控做到心中有数，及时更改、调配人力、物力资源。三是统御所有组织和人员。凝聚人心、鼓舞士气是领导的重要能力，要通过领导自身的表率作用，激励、感召和带动所有救援人员。不仅组织的高层领导、中层领导要实施领导职能，基层领导也担负着领导职能，都要重视应急救援中人的因素和做好人的工作。

3. 5. 1. 4　控制职能

控制是指按照给定的条件和预定的目标，对其中一个过程或某个事件施加影响的行为，包括监督、检查、纠偏等。应急救援管控的控制职能就是对应急救援的计划、命令、指示的执行情况进行监督和检查，及时发现救援过程中出现的问题，及时采取干预措施，纠正出现的偏差，以保证救援目标的顺利实现。在实施控制职能时需要关注三个方面的问题：一是获取当前救援工作的实际进度和取得的效绩，二是将救援工作进度与效绩跟计划中的预期目标进行对比评估，三是采取各种有效措施纠正实施偏差或修正救援计划预期的要求或标准。在应急救援的紧急状态下，基本的要求就是既要以最快的速度抢救受害人员，又要保证救援人员自身的安全，但是在实际应急救援过程中存在许多预先计划所没有设想到的特殊情况，因此及时有效地纠错、纠偏，优化救援计划、救援方法等对实际管控工作具有重要的意义。

实施应急救援管控的控制职能要注意：一是要及时和有效，对于应急救援工作而言时间就是生命，不合理的救援行动、不恰当的救援方法就会错失宝贵的救援机会，甚至导致伤亡扩大和财务损失增加；二是要发动群众监督，应急救援每个场面、各个环节、每处施救都可能出现意想不到的情况，只靠救援人员可能不能及时、全面地发现问题，这就要求必须依靠广大人民群众的力量；三是控制的措施要严密，控制的措施在实施过程中讲究科学、规范，力求程序完整、高效和灵活相结合。

3.5.1.5 创新职能

应急救援管控应该把创新作为一项重要职能，这是因为：一是从突发事件发生的种类上看，以前未发生的一些灾难、灾害事件频出，在应对方法、措施等方面还处于发展状态，必须通过创新来完善和提高救援工作与能力；二是从突发事件破坏的严重程度上看，人类社会的不断发展，带来了许多新的问题，并且随着城市化的发展，产生的危害结果越来越严重，世界各地时常会出现一些人类历史记载上没有遇到过的重特大灾难事件，已有的应急救援的策略和手段方法还处于发展初期阶段或空白，必须通过创新来完善；三是从提高应急救援的效率上看，目前许多先进的救援技术、工程装备都还没有被充分开发和利用，包括未来可能出现的新技术革命，为此必须通过创新来不断提高应急救援综合能力；四是从应急救援不确定因素较多的这个显著特点来看，在救援过程中突发性的意外事件时常会出现，与救援预案存在不一致，必须通过创新来提高应对突发随机问题的能力。

上述各种管理职能都有相对独特的表现形式。例如，计划职能通过决策方案和各种计划的形式表现出来，组织职能通过组织结构设计和人员配备表现出来，领导职能通过领导者和被领导者的关系、领导的具体方法与艺术表现出来，控制职能通过对计划执行情况的信息反馈和纠正措施表现出来，而创新职能本身虽没有某种特有的表现形式，但它总是在其他管理职能的所有活动中表现出自身存在的价值。

3.5.2　应急救援管控的基本任务

应急救援管控的基本任务是围绕应急救援的各项工作而展开的全天候、全时段、全方位、全人员、全过程的系统化、综合性工作。可以说，应急救援工作和行动有多少，应急救援管控的任务就有多少。这说明应急救援管控是非常琐碎复杂的，其具体任务也是包罗万象、动态变化的。根据应急救援管控的实际情况，管控任务通常包括八个方面的内容，具体如图 3-2 所示。

3.5.2.1　管控履行职责

应急救援的所有参与人员的职责，是指按其职务和任务所担负的责任和义务，是参与救援人员在执行应急救援任务中的行为准则。在参与人员众多的应急救援现场，确定每一位参与人员的岗位和职责，是保障应急救援团队整体正常运转的必要条件。应急救援管控要担负起维护救援工作正常运行的责任，不可能对每一位参与者所做的每一件事

图 3-2　应急救援管控的基本任务

都进行具体的指导，而应明确各级、各类参与者的职责，并督促每个人都履行到位。如果职责不清，就会打乱仗，明确了职责而不去认真履行，救援工作就会出现漏洞和问题。只有督促各级、各类参与者都认真履行职责，灾区人民群众才有可能得到及时有效的救援，救援人员的自身安全才能得到最大限度的保证。

3.5.2.2　管控救援秩序

救援现场秩序混乱就会大大降低应急救援速度和效率，建立和管控规范的救援秩序，主要是指严格按照应急救援的行动方案和程序规定的要求，使应急救援的各项工作按照计划预案的要求都处于有条不紊、紧张有序的状态。管控救援秩序对应急救援有着特别的意义，所有参与救援的组织或个人要完成应急救援既定的任务，就要做到一声令下，立即采取行动，迅速进入救援工作状态，并在执行任务时保持准确而协调一致的行动，这就要求保持救援现场的正常秩序。救援秩序涉及救援管控的各个方面、全部过程和所有参与人员，抓好

救援人员的行为规范，落实救援的规章制度和管控规划，管控好救援现场各个
环节，是应急救援管控工作的重中之重。

3.5.2.3　管控干群关系

在应急救援行动中协调各种关系是一项非常重要的工作，特别是干群关
系。应急救援管控应该把处理好干群关系作为管控工作的重点内容之一加以关
注。参与救援工作的各级组织、各级指挥人员要加强同人民群众的密切联系，
要及时关心、看望受灾人民群众，凡是能为人民群众想到的、能够做到的，都
要及时、快捷地处理完成，要和灾区人民群众同呼吸、共命运，要争取人民群
众对救援工作的最大的支持和帮助。要严格按照群众纪律等有关规定要求，尊
重灾区群众的民俗风情和民族特点，遵守民族政策。绝不能做与人民群众争
利、让人民群众失望的事，要坚持鱼水相依的原则，处处为人民群众的实际利
益着想，严格遵守应急救援工作中的有关规定和要求，把应急救援管控的思想
和原则贯穿到应急救援的每个环节中。

3.5.2.4　管控救援纪律

严格的救援纪律是救援行动、救援程序和各项规章制度得到落实的根本
保障。在环境条件复杂、时间空间紧张的情况下，可能存在个别救援组织或
个人为了自身的责任和任务，不顾纪律要求，违反操作规程冒险蛮干的情
况，这不仅不能提高救援进度和质量，还会影响整个救援工作的大局，造成
救援秩序的混乱。因此，应急救援管控必须加强纪律管控，通过教育、动
员、问责、奖惩和纪律监察，促进各项救援纪律规范都得到贯彻和落实。这
既是应急救援管控的重要内容，也是实现应急救援管控职能所不可缺少的强
制手段。

3.5.2.5　管控人员心理

科学有效的心理管控是保持救援人员正常的行为习惯和风范气质，坚定救
援信念，发挥顽强的救援作风的重要保障，也是应急救援管控工作的重要任务
和实现应急救援管控目标的重要途径。科学有效的心理管控是增强受灾人民群
众自信、自强，走出受灾负面情绪的影响，做好灾后重建工作的精神力量来
源。与此同时，做好心理管理也是排除各种负面、消极心理情绪，提高应急救
援能力的重要手段。及时的心理干预、科学的心理调适、高效的心理疏导都是
应急救援管控的重要内容。

3.5.2.6　管控救援物资

救援物资是应急救援工作的物质基础，是提高救援效果的物质条件。在实际救援工作中，来自方方面面的救援物资会源源不断地运到救援灾区现场，对各类救援物资进行妥善保管、合理分配、正确使用，以及对救援装备及时维护保养，使之处于良好状态，保持其作用和技术性能，这些都是应急救援管控的重要方面，也是保持应急救援力量稳定、持续发挥救援能力的重要内容。

3.5.2.7　管控后勤保障

应急救援后勤保障管控对受灾人民和救援人员都有着极其重要的作用，它不仅贯穿于衣、食、住、行、医的全过程，而且与应急救援任务中的供、救、修、运、补紧密相连，是应急救援顺利开展的必要条件。做好应急救援的后勤保障，改善物质条件，是应急救援管控工作的一项重要任务。搞好应急救援后勤保障管控，主要是通过做好伙食管理与调剂、满足受灾群众和救援人员的基本生活需要，落实财务法规、组织财务保障，管好临时住所、改善生活环境，做好卫生防疫工作、保障所有人员的身体健康等管控活动，为救援人员创造良好的工作和生活条件。

3.5.2.8　管控救援安全

应急救援安全管控是应急救援管控工作中的重点，应急救援安全管控工作是否到位、有效，不仅关系到应急救援工作的进度和质量，而且关系到救援人员自身的安全和信心。因此，如何加强应急救援安全管控，落实救援中的安全规定和安全制度，确保应急救援安全顺利开展，是各级领导和组织必须认真思考的重要问题。作为应急救援指挥者，要充分认识救援管控安全的极度重要性，不断增强防范安全问题的预见性、科学性和有效性，从根本上掌握安全管控工作的主动权，要把安全救援放在更加突出的位置。为此要求决策谋划救援首先想到安全，推进救援工作紧紧围绕安全，讲评救援工作始终不忘安全，有效防范次生灾害侵袭和意外事件的发生，始终保持秩序正常、纪律严明、内部和谐、无次生灾害后果的良好局面，确保各项救援工作顺利开展。

3.6　应急救援管控的方法与要求

应急救援管控方法是应急救援管控理论的延伸、具体化和实际化，是指导和实现应急救援管控职能任务的途径和手段，是达到应急救援管控目标的方式，是为了不断提高应急救援活动的效能而采取的手段、措施、途径的总和。

应急救援过程中的管控活动无处不在、无时不有、纷繁复杂，体现出应急救援管控的综合性、灵活性、有效性和创造性等特征。掌握和运用应急救援管控方法，对增强管控效果、实现应急救援的目标具有重要作用。

3.6.1 应急救援管控的主要方法

在应急救援活动中，采用有效的应急救援管控方法是丰富管控理论、实现应急救援管控目标、提高应急救援管控效能的有力措施，是有效执行应急救援管控职能和控制管理过程的可靠保证。应急救援管控方法很多，主要分为六类，如图 3-3 所示。

图 3-3　应急救援管控的基本方法

3.6.1.1　行政管控法

行政管控法，就是担负应急救援任务的各级组织和管理者行使上级组织所赋予的行政权力，通过下达救援命令、指示、规定和指令性救援计划的形式对受灾群众和救援人员实施管控的方法。行政管控法的强制性特点要求救援行动指令一经发出，无论如何，都必须坚决贯彻执行；行政管控法的权威性特点要求指挥者具有绝对的权威并且下级要绝对服从，因为这直接影响被管控者的意志和行为；行政管控法的单一性特点要求下级只能接受一个上级的直接领导，一个管控指令只是对某一管控对象、某一救援行为的方案，而不能是同时提出的几个行动方案；行政管控法的稳定性特点要求管控系统具有严密的组织结构、统一的救援目标和统一的救援行动，具有强有力的调节和控制功能，具有抵抗外部因素干扰的能力；行政管控法的时效性特点要求在具体实施方式上要根据对象、目的、时间的变化而变化，往往只在某一特定时间内发挥作用。

行政管控法通常包含布置任务、督促检查、总结讲评三个环节，这三个环节缺一不可。在应急救援"急""快"的情况下，参与救援的各级指挥者和管控者都要特别注意：正确用权，不能有个人权威；救援命令要集中统一，不能政出多门；救援命令要准确可靠，不能脱离现场实际情况；要责权统一，不能责权分离。

3.6.1.2　法规管控法

法规管控法，就是以行政管理部门或立法机构制定的应急救援法律法规、规章制度、意见办法等文件要求为依据，统一各级救援组织和人员的意志，规范救援行为，对所有参与救援的人员实施管控的方法。法规管控法具有强制性、规范性、平等性、稳定性和连续性等特点。运用法规管控法可以有效避免事事决策，从而提高救援效率，减少救援失误，使救援人员所有行动和工作都有规范的秩序和合法的依据，可以使应急救援管控依法执行，增强管控的权威性和说服力。依法管控既是应急救援管控的基本要求，也是应急救援管控最基本的方法。

运用法规管控法要注意以下四个方面。一是要组织所有参与救援任务的各级各类人员学习和掌握法律法规，使全体参与人员知法、懂法、守法。二是要严格执行法规纪律，要用纪律管理，对违抗命令、不服管理、贻误战机、临阵脱逃等违规违纪人员，要从严、从重、从快惩处，使参与救援的所有人员都树立守法意识。三是要奖罚分明，违法必究，有功则奖，有过则罚，奖罚分明是维护救援纪律和保持救援秩序的主要手段。由于参与救援人员来自四面八方，所受教育、性格、气质不同，自我控制的能力有强弱，执行纪律法规的自觉性有高低，因此必须坚守违规必须惩罚的原则，否则无法协调、管控众多救援组织和人员。四是严格依法管理和制定实施政策，由于各个救援组织所承担的任务和所处的环境不同，遇到的情况也不相同，很多规定都是原则性的，不可能把每个实施细节和具体要求都做明确规定，所以需要各级救援组织和机构制定实施细则和补充规定。所有制定细则和补充规定的组织机构都需要被合法授权，凡是违背法律法规和上级指挥机构指示精神的政策，应该予以废除。各级救援组织和领导机构都要克服应急救援管控工作中随意性大、朝令夕改的问题，切实通过严明法规纪律，确保统一意志、统一行动，为应急救援行动顺利开展提供坚强的组织纪律保证。

3.6.1.3 教育管控法

教育管控法，就是参与应急救援的组织或指挥者，为了实现应急救援管控目标和救援任务，对救援组织及个体进行的形势教育、思想教育和道德教育等，通过提高救援人员的思想觉悟和道德水平，促进应急救援工作顺利开展的一种管理方法。教育管控法是具有中国特色的一种管理方法，也属于柔性管理的范畴。应急救援教育管控方法的实质就是提高各类救援人员的思想素质，充分调动人的积极性、主动性、创造性，通过教育活动来增强救援人员完成救援任务的决心和信心。

由于救援现场条件和时机的限制，所以各级救援组织机构要适时开展多形式的管理教育。各级管理者要注重全程跟进救援活动，第一时间将上级的指示精神传达给每一名参与救援的人员。教育活动要与救援现场实际情况结合起来，紧跟救援任务进程，可以开展类似"三五分钟小谈心、七八分钟小教育"等的教育活动，及时掌握救援人员的思想动态，随时随地进行适时教育，打消救援人员的思想波动和顾虑。通过短小有力的战斗口号、历史荣誉激励、编印英雄谱和创办战地快报等形式及时宣传先进个人事迹，使救援人员在执行任务过程中认识到职责、使命和宗旨，引导救援人员在执行任务时增强对应急救援使命的认识和理解，培养高扬的战斗意志，让人道主义精神深入到每个参与救援人员的头脑中，并内化为顽强救援的实际行动。

3.6.1.4 心理管控法

心理管控法，就是在应急救援行动中，针对个体或群体所产生的各种心理问题以及心理活动规律，采取相应的手段或措施进行心理调适和心理疏导，以适应应急救援管控目标要求的管理方法。灾后恶劣的自然环境和救援工作面临的各种风险挑战，容易使得救援人员产生畏惧情绪，要从突发灾难事件中抢救生命、保护财产安全，就必须与时间赛跑，就必须保持高扬的战斗意志，不能由于长时间精神紧张或过度疲劳而产生麻痹松懈心理。一旦这些消极心理产生，就会随着救援进程而逐渐积累，从而降低救援人员的责任心和安全意识，会使人的知觉、思维等发生障碍，造成行为失常、自控力差、临阵退缩等负面反应，如果得不到有效、及时的管控，就会直接影响和削弱应急救援人员的战斗力，因此就需要运用心理管控法来预防和减弱这些负面情绪对救援工作的干扰。

运用心理管控法需要做好以下几个方面的工作：一是加强心理知识教育和心理适应能力训练，在参加应急救援之前，要加强解难释疑，传授预防、调适、疏导的基本方法，要针对灾后惨烈场景的实际情况，通过场景模拟、实地现场体验等方法，对参与救援人员进行心理适应性训练；二是各参与救援的组织和团体，要力争培养或配置心理疏导员、心理医生；三是做好心理工作预案，各级组织团体以及心理咨询机构要尽早根据职能任务、处置方案和可能出现的心理状况，确定心理工作内容，坚持从最难处着想，从最复杂情景入手，多开展一些假设演练，多制定几套针对不同场景的应急救援预案；四是应急救援过程中要及时做好心理辅导，通过交谈、观察，按照心理反应的轻重程度区分层次，综合采取信念激励法、注意转移法、榜样示范法、交流互动法、自我调节法等；五是加强事后干预阶段的管控，可采取身心恢复、团体辅导、活动调整、减压治疗、保持关注等方法，尽快使参与救援人员走出心理阴影。

3.6.1.5 激励管控法

激励管控法，就是根据参与应急救援人员心理活动的规律，激发救援人员积极救援的动机，使救援人员产生强大的内在动力，朝着预定救援目标奋进的管理方法。一切内心要争取的条件、希望、愿望、动力等都是对救援人员的激励，它是救援人员的一种精神状态，它对救援人员的行动起到激发、推动、加强的作用。在现场条件恶劣、救援时间长、救援人员心身疲惫的情况下，科学的激励是调动救援人员积极性、主动性、创造性最直接、最管用的管控方法。应急救援管控以人的管控为核心，每个人都需要组织和个人给予鼓励与赞扬，保持积极、高尚的动机，为实现预期救援目标而克服各种困难，以大无畏的无私精神投入救援行动中。

在运用激励方法时，要综合运用目标激励、行为激励、参与激励、情感激励、奖惩激励等方式。除此之外，指挥和管理人员对参与人员的关怀、信任，以及谈心对话和委以重任等也都是常用的激励方式。激励管控要因人、因事、因时、因地综合运用不同的激励方式，才能获得最佳的激励效果。同时还要注意激励的针对性和导向性、把握激励的时机、注重激励的连续性，使参与人员都能感受到激励，做到时时有激励、事事有激励，真正发挥激励的作用，为应急救援行动提供精神动力。

3.6.1.6 以身作则法

以身作则法，是指参与救援的指挥人员、管理干部要身体力行，带头承担急难险重任务，带头遵守各项规章制度，发挥模范带头作用，用实际行动来引领、指导各参与人员实现救援预期目标。管理干部带头，以身作则，是做好应急救援管控工作的重要环节，是最有说服力的管控工作，"身教重于言教，喊破嗓子不如做出样子"，管理干部带头，以身作则，才能取得下属的信任，领导干部要靠全心全意地、尽心竭力地、坚持不懈地以身作则，才能树立起来威信，才能带领救援人员共同努力完成救援任务。应急救援管控运用以身作则法时，管理干部要注意：一是接受救援任务态度要坚定，不讲主观条件，坚决服从上级组织的安排调度；二是执行任务要身先士卒，敢于挑重担，当好"排头兵"，发扬"救灾时候跟我来，危险时候我先上，关键时候看我的"这种冲锋陷阵、勇往直前的精神；三是在执行救援任务最困难的时候，要始终站在救援人员和受灾群众面前，多送理解、多送关爱、多给鼓励、多给表扬，要当救援人员和受灾群众的主心骨，要多谋善断、深思熟虑，切不可草率行事。作为一名应急救援的领导者、组织者、管理者，没有什么比率先垂范的作用更具有说服力和号召力。

3.6.2　应急救援管控的基本要求

　　应急救援的管理者是否真正了解应急救援管控的现场环境，是否善于发现救援行动中的管控问题，是否能够自觉利用救援管控活动及其客观规律，是否能够组织救援人员顺利实现救援管控预期目标，是否能够科学艺术地解决应急救援管控实际问题，是检验应急救援管控方法效果的标准。同时考虑到应急救援管控活动总是处于动态变化过程之中，那么应急救援管控方法、体系与结构也要随救援现场管控情境适时、适情地做出相应改变。各类救援行动都有其自身特殊的规律与要求，特别是自然环境恶劣、灾害事件频发的情况，会给救援管控行动带来一系列新情况、新要求和新挑战，需要各级救援组织和管理人员积极适应、有效应对。这就要求救援人员掌握和运用救援管控方法的基本要求，从实际情况出发，坚持具体问题具体分析的管控原则，灵活、合理地综合运用各类管控方法，管控的基本要求如图 3-4 所示。

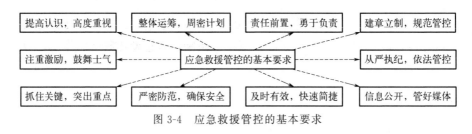

图 3-4　应急救援管控的基本要求

3.6.2.1　提高认识，高度重视

　　应急救援管控，对于救援组织和管理人员来说是新情况和新问题，因此有待进一步提高和深化认识，增强做好应急救援中管控的自觉性和主动性。首先，应急救援管控是应急救援行动中一项不可或缺的新内容。各类突发事件救援工作的条件不同、地域不同、要求不同，其管控活动也与常态化管理有所不同。这就要求管理人员必须有清醒的认知，决不能用老眼光看问题，用老办法解决管控中出现的新问题。其次，加强应急救援中的管控，是顺利完成多样化重大救援任务的组织保证。不同类型救援任务的特殊性，决定了应急救援管控中管控要素的组合、管控资源的配置、管控环境的优化、管控程序的运作、管控效益的保证等各个环节，都要适应应急救援任务的具体需求，以确保遂行任务的圆满完成。这就要求管理人员必须重新审视管控工作，以创新的管控模式最大限度地提高组织保证的可靠性。再次，加强应急救援中的管控，是应急救

援未来发展的必然趋势。随着我国社会经济发展，对应急救援工作要求的不断提高，如何把常态化管控与动态化管控有机结合起来，特别是积极探索出适应重大救援任务需要的创新性管控模式，是当前摆在广大救援组织和参与人员面前的一项重大的、亟待解决的管控课题。

3.6.2.2 整体运筹，周密计划

制订计划是管控的重要内容之一，是提高管控效益的重要方法。参与应急救援行动的单位多、人员结构复杂，情况随时变化，在管控过程中存在着许多不确定因素。为了保证管控工作有条不紊，在正确的轨道方向上高效率地运行，必须对救援任务进行系统分析，并根据分析情况对整个任务进行整体运筹设计，科学制订出一个保证任务顺利完成的周密计划。在计划制订中，要尽可能详细地考虑到一切影响救援任务完成的潜在因素，深刻认识各因素之间的相互关系，提前预防可能发生的意外事件，既要看到完成任务的有利条件，也要看到不利条件；既要清楚内部条件，也要弄清外部条件；既要找准可控制的条件，也要挖掘出不可控制的条件。要通过周密的计划，使执行任务的全体人员都明白"干什么""在哪里干""什么时间干""怎么干""为什么干"等关键问题，严格明确各类救援人员的职责与分工、时间进度、财物分配等内容，切实做到定单位、定时间、定地点、定任务、定信（记）号。

常言道"计划赶不上变化"，再周密的计划也很难完全适合应急救援现场实时变化的情况，为了有效应对计划之外的突发情况，应该在计划制订时准备多套管控预案，以保证情况出现重大变化时，有备用的应急方案可用。也就是说周密的计划应该包含多套可行性强、操作性好、具有一定弹性、可较好应对各种管控意外情况的方案。

3.6.2.3 责任前置，勇于负责

应急救援管控一般是在动态条件下开展的，影响救援的不确定因素比较多，需要积极探索、构建一套适用于动态管控的新机制，真正做到预测在先、责任前置、敢于负责，把管控的责任细化、定位到每个参与者。管理人员需要靠前指挥，第一责任人力求做到第一时间到达第一现场，掌握第一手资料，做出第一个判断与决策。特别是管控责任者，要全面覆盖应急救援工作的各个层面、各个环节。因此需要详尽地规定出所有岗位管控责任人的管控职责、要求和失责失职的责任追究和处罚办法。这种责任前置的管控思路，具有很好的激励作用和刚性效应，可以奖出动力、罚出压力，增强责任人员的主动作为、靠前抓好管控工作的责任意识。

各级管理干部作为管控工作的主体，是应急救援管控的组织者和主导者，他们在管控中的履职尽责情况，直接关系到救援管控的效果与水平。要做好复杂环境条件下应急救援的管控工作，一方面需要各级管理干部时时以身作则，处处发挥表率作用。带头守纪律、树形象，无论在什么地方、哪个岗位，都要牢记自己的职责，以高度的政治觉悟和良好的精神状态，做好自己应该做的每一项工作。另一方面，要做敢抓敢管、严格执纪的模范。要有敢于较真、敢于碰硬的勇气，大胆管控，严格要求，确保救援工作不出现过失、管控不出现纰漏、人员不出现闪失。

3.6.2.4 建章立制，规范管控

应急救援中的管控虽然具有紧迫性、动态性、不确定性等特点，但也应该做到规范化、有章可循。特别是当应急救援任务呈现出重要性、艰巨性、复杂性和严酷性时，这就要求管控工作发挥更强的保证作用，也就是说，很可能由于管控工作的不慎或一时的疏忽，给整个救援任务带来不可估量的破坏，甚至造成不可挽回的严重后果。因此要抓好应急救援中的管控工作，一定要在认真总结、研究应急救援管控实践活动的基础上，制定出实事求是、科学规范、全面详尽、操作实施方便的规章制度。

在应急救援管控建章立制中最重要的是严格按照现有法律法规、规章制度的要求，结合救援任务的具体特点，有针对性、有目的性地制定出能够确保安全、有效完成救援任务的具体措施和方法。根据以往的经验教训来判断，在一般情况下要围绕人员管控、物资管控、驻地管控、现场管控等重点环节来制定相应的管控措施和方法。

3.6.2.5 注重激励，鼓舞士气

应急救援任务现场通常环境复杂恶劣，有时需要长时间机动，经常连续不间断奋战，对救援人员的精力、体力消耗特别大，有时还面临着风险考验，容易使救援人员产生疲劳、焦虑、烦躁、厌战等情绪或心理问题，影响救援队伍的士气和救援能力的持续性。为此制定有针对性的激励措施必不可少，首先，要坚定坚决完成任务的意志。应急救援，既是智慧的考验，也是勇气的比拼，更是顽强意志的较量。长时间的连续奋战，特别需要坚定的意志、不可动摇的决心，要发扬英勇顽强、艰苦奋斗、不怕困难挑战的大无畏革命精神，始终保持高昂的士气和强大的战斗力。其次，要以有力的宣传鼓舞救援队伍士气。要善于根据现场救援任务要求，提出激励人心、鼓舞士气的响亮口号，深入搞好宣传教育工作。管理干部要深入救援一线，带头战斗在最危险、最艰苦、最关

键的救援岗位，把有"声"和有"形"结合起来，以实际行动带领和鼓舞救援人员。再次，要善于运用先进典型事迹和人物开展现场激励。要大力宣传在重大救援任务现场表现突出的先进典型人物和突出事迹，发挥党员模范带头作用，最大程度地激发所有参与救援人员的战斗精神和意志。

3.6.2.6　从严执纪，依法管控

从严执纪是构成救援战斗力的重要因素，是圆满完成救援任务的重要保证。救援行动必须严格按照有关法律法规、规章制度的要求依法开展，一定要教育引导救援人员站在应急救援全局的高度，从"时间就是生命、守纪就是救命"的高度上充分认识依法从严执纪、从严管理的重大意义，自觉遵纪守法，确保一言一行都在法律、纪律规定的范畴内。要结合执行救援任务的地域环境、可能遇到的复杂情况，加强救援组织和个人的政治纪律、组织纪律、群众纪律、生活纪律等相关内容的学习教育，并注重跟踪做好检查、管控和纠正工作。要从严遵守政策纪律、群众纪律，严格工作纪律，以铁的纪律保证行动任务的顺利完成。

3.6.2.7　抓住关键，突出重点

应急救援的管控工作，时间紧，任务重，这就要求管理人员必须在管控中分清主次轻重，注意抓住关键环节，突出重点问题，将主要精力放在救援任务的关键方面和事件上，只有这样才能做到纲举目张、以点带面，取得事半功倍的管理效果。

救援任务在不同时间、不同节点，管控工作的重点是不一样的。在准备阶段，管控工作的重点是组织人员、开展动员、健全组织、做好物资准备；在救援任务开进阶段，管控工作的重点是确保安全，保证各类人员、物资、装备等按时到达救援现场；在救援现场阶段，管控工作的重点是严格规范现场救援秩序，确保各项既定救援任务能按时完成；在撤离归建阶段，管控工作的重点是做好人员有序撤离、物资清查与交接，做好各项善后工作。就救援任务全程而言，严格执纪是重点内容，应急救援管控最重要、最核心的内容是"一切行动听指挥"，为了实现这一管控目标，就必须把严格执纪作为管控的重中之重，要求所有救援人员必须无条件地服从救援指令，不搞变通，不打折扣，确保政令、军令施行畅通无阻。就管控的对象而言，人员管控是重点内容，尤其是对各类重要岗位管理干部的管控。就救援工作安全而言，重点内容是管控好人员、车辆、器材装备和物资保障。就管控的方式而言，重点内容是要抓好各个重要点位、关键环节的经常性检查，确保各项救援工作落实到位。

3.6.2.8　严密防范，确保安全

应急救援管控面临来自各个方面的安全风险挑战，能否在进行救援任务时确保救援人员自身的安全，是管理人员必须认真筹划和努力解决好的一个重要现实问题。首先，要提高救援人员的忧患和防范意识，增强自我保护能力，确保救援人员的人身安全。要通过有针对性的安全思想教育、遵纪守法教育、安全防护技能教育，使救援人员了解和掌握可能面临的安全威胁，使其从高度负责的政治责任感出发，严格要求自己，自觉遵章守纪。要构建纵向到底、横向到边、群管群防的救援人员管控责任体系。按照属地就近、上下联检、划片负责的管控机制，严格落实各项安全管控制度，形成立体防控体系。其次，要严之又严、慎之又慎，确保各类救援装备器材完好，做好安全使用装备器材的教育与培训，严格落实救援器材装备的维保工作，确保万无一失。

3.6.2.9　及时有效，快速简捷

应急救援行动具有不确定性、突发性、时间紧迫、形势变化迅速等特点，管控必须随着形势任务的变化快速反应、灵活应对，并且还要根据不同类型、规模、性质的突发事件采取有针对性的救援行动。由此可知，应急救援工作的时效性就特别重要。各级救援组织和人员切不可被动等待，要自觉深入救援一线，及时捕捉现场人员的思想和情绪的变化，迅速应对出现的问题，力求在第一时间化解可能会出现的危机。高度紧张的救援气氛、异常复杂困难的救援条件，都会对救援人员的身心造成很大的冲击。管理人员的一句问候、一个信任的目光、一个夸奖的手势，都会带给救援人员极大的安慰和鼓舞。因此管理人员要善于调动感情的力量，灵活使用各种方式，把解决思想、心理问题和满足生活、情感的合理需求结合起来，使救援人员始终保持良好的精神状态。

在应急救援行动中，由于人员结构复杂、任务时间紧迫、沟通交流条件受限，执行任务、贯彻传达上级指示不能以常规的方式开展，必须改变以往事事开会、层层下达的模式，简化工作流程，提高工作效率。可以说简捷就是节约时间、提高效率、增强战斗力的有效途径。这就要求管理人员对本级职能范围内的事情，要敢于做出判断，勇于承担责任，对权限不清的非重大问题，根据方针政策合理执行，减少不必要的环节和程序。例如各种会议能合并的就合并，能取消的就取消，能简短的就简短。转发上级文电，提倡删繁就简，摘取要点。管理人员下达指示、讲评工作，也要短小精悍，尽量减少中间环节，以提高管控的质量和效益。

3.6.2.10 信息公开，管好媒体

在资讯发达的现代社会，媒体的作用越来越重要，救援工作要充分认识到舆论、媒体的重要影响，以高度的责任感和敏感性，强化负面舆论、信息的有效管控，增强舆论引导，确保正确的宣传报道方向，为顺利开展救援工作提供良好的舆论氛围。

社会安全类重大突发事件一般都会引起国内外社会广泛的关注，一些不友好势力可能就会利用新闻媒介、社交软件等借机恶意炒作，有意误导舆论方向。这就要求管理人员及时与国内外主流新闻媒体开展合作，主动发布相关权威信息，牢牢掌握话语主动权，引领舆论发展方向，赢得国际舆论和广大民众的有力支持。完善新闻采访、审查、发布等制度，做到信息公开、准确、全面、透明，做好安定民心、鼓舞士气的宣传，防范错误信息混淆舆论视听。另外，各级管理干部要加强相关理论知识的学习和社会实践的训练，提高处理新闻媒体报道的工作能力，培养发起舆论话题、管理负面舆论影响的综合素质。

思考题

1. 应急救援指挥关系有哪些？如何开展有效的实践运用？

2. 应急救援管控的基本任务是什么？如何保障管控目标的实现？

3. 应急救援的指挥和管控之间的逻辑关系是什么？如何有机协调两者关系？

第四章

应急救援行动

本章提要

  本章主要介绍应急救援行动的基本要求、基本程序和不同类型的突发事件的救援任务重点内容，即应重点掌握的应急救援行动的基本要求、程序和不同类型的突发事件应急救援行动方案的异同。

  目前，应急救援行动已经成为国家应对非传统安全威胁的重要手段。任何行动理论都是通过对大量行动实践总结出来的。了解和掌握应急救援行动的定位、特点、基本要求、行动样式和程序等内容，对形成科学、完善的应急救援行动理论，指导应急救援行动，掌握应急救援行动主动权，最大限度地发挥救援力量潜能，实现救援效益最大化具有重要意义。

4.1 应急救援行动概述

  对应急救援行动的认识既要从一般意义的行动角度来分析，也要从应急救援的实际情况来考虑。应急救援行动是有特定指向范围的，科学地阐述应急救援行动在人类活动中的定位、特点及基本要求尤为重要。

4.1.1 应急救援行动的定位与特点

  应急救援行动就是以抵御各类突发灾难事件或其他突发公共事件为目标的紧急救助活动。由于应急救援行动的对象为自然界的各种灾害和人类社会的各类突发公共事件，因此在应急救援行动中既有人与人的矛盾，又有人与自然之间的问题。综上所述，应急救援行动的本质是与各种自然灾害和突发公共事件做斗争的单方行动，属于非战争军事行动。应急救援行动的本质决定了其具有时效性、社会性、复杂性和专业性等特点，如图 4-1 所示。

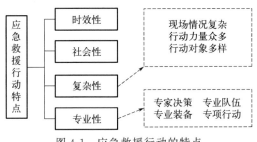

图 4-1　应急救援行动的特点

4.1.1.1　时效性

对于现代社会来说，各个领域、各项工作都需要重视和强调时间与效率。对应急救援行动而言更是如此，时效性更为重要和突出，它不仅关系到人民群众生命、财产的救援效果，还涉及政府的公众形象和国家的国际声誉。

应急救援行动的时效性是由突发灾难事件的特点所决定的。一方面，从突发灾难事件的成灾过程来看，无论是突发性灾难还是缓发性灾难，其成灾强度都有一个随着时间延长而增大的过程，只是缓发性灾难比突发性灾难表现得更为明显一些。因此只要尽早地在灾难强度比较弱的阶段投入救援力量，就能够减轻行动组织的负担，提高救援实际效果。另一方面，从突发灾难事件受体的情况来看，受灾人员的伤亡、物资财产的存毁、经济损失的大小，与救援速度有着直接的相关性。一般而言，救援速度越快，其救援效果也就越明显。因此，应急救援行动的时间与速度，是影响救援效果的两大直接因素，这就决定了应急救援行动必然要具有很强的时效性。

应急救援行动的时效性关系到政府的公众形象和国家的国际声誉。一般舆论认为：在突发灾难事件的防治与减轻、消除突发事件引起的严重社会危害中，政府所表现的行为与效能，是评估其工作能力的重要标准。国际社会也将防灾、抗灾的行为与效能作为评价国家和社会进步程度的重要标志。救援行为的具体表现就是救援的时间和速度，而救援效能的评估标准就是减小人员伤亡、财产损失和经济损失的程度。由此可知，行为与效能二者缺一不可，没有救援行为就没有救援效能，而如果救援效能不佳，则任何救援行为都无法实现预期目标。

4.1.1.2　社会性

突发灾难事件的本质是其对人类社会既定环境和社会秩序的破坏。应急救援行动就是对这种破坏的紧急恢复，它来源于社会、作用于社会，并对社会的发展产生深刻的影响。

应急救援行动是全社会成员的共同行动。突发灾难事件的规模越大，应急救援行动需要社会联合的程度就越高。一般来说，应急救援行动至少涉及社会的三大主体。首先是政府组织，即从中央到基层的各级政府组织及其机构，是应急救援行动的核心领导力量。其次是救援组织和团体，主要为工程技术部门等各类救援力量，包括军队、武警、公安、民兵预备役和行业救援力量等，这是应急救援行动的主体力量。再次是民间组织和个体，其行动特点主要体现为行为的自发性、利益的关联性和情感因素的驱动性，是一支不可或缺的应急救援行动力量。三大主体相互作用，使应急救援行动形成了全民、全社会共同参与的社会化联合行动。特别需要指出的是，随着当今世界国际化程度的提高，应急救援行动也向国际社会联合化发展，跨国界的应急救援行动明显增多，使应急救援行动的社会性更加突出。

应急救援行动的对象是自然灾害及人类社会。人类与自然灾害的矛盾从形式上看是与灾难现象的斗争，但从本质上讲，是为了人类社会自身的生存和发展而采取的救助行动。无论是自救还是他救形式的应急救援行动，目的都是使灾难对人类社会造成的损失减轻到最低限度，是人们对自身赖以生存和发展的社会的自我救援行为。

4.1.1.3　复杂性

应急救援行动不是简单的自救、互救活动，而是一项极为复杂的系统工程，其复杂性主要体现在以下三个方面：

① 现场情况复杂。一方面，突发灾难事件发生后，往往危情迭起、险象环生、紧急信息繁多，使人难以从容判断与处置。尤其是大规模突发灾难发生后，不仅有原生灾害造成的严重破坏，还有次生灾害、衍生灾害形成的新威胁；不仅有正在发生的破坏，还可能有潜在的险情隐患。另一方面，救援现场的秩序比较混乱，灾害所造成的各类危害后果还没有得到及时有效处置，如车祸、空难、塌方、失火等灾难，而各类救援人员、物资和救援装备源源不断汇集到灾害现场，救援现场往往聚集许多围观群众，加上急于了解情况的受害者及其亲属、媒体记者和自发参与救援的志愿者等大量拥入，加剧了救援现场的混乱程度。这就使得应急救援行动一开始就要面对和解决一系列复杂问题，不仅要照顾全局，还要把握关键环节，不仅要组织救援行动，还要处理各类非救援相关问题，无形中增大了应急救援行动组织的复杂程度。

② 行动力量众多。突发灾难事件发生后，参与救援行动的组织机构众多，各类救援力量迅速到达，既有有组织的团队，也有自发的志愿者；既有专业救

援人员，也有一般工作人员；既有政府组织的救援力量，也有民间的救援队伍。这些救援力量一般不存在隶属关系和业务联系，因此，要统一协调各类救援力量的行动，是非常复杂和困难的。同时，众多不同来源的救援力量必然会导致指挥领导机构复杂多样，特别是应急救援行动初期，难以对各类救援力量实施有效的掌握和控制，增加了应急救援行动实施的难度。

③ 行动对象多样。在具体的救援行动组织中需要考虑到方方面面的影响因素，稍有不慎，不仅起不到救援作用，甚至还会造成新的次生问题。例如对各种自然灾害的救援，不仅要考虑到对原生灾害的抢救，还要考虑对次生灾害和衍生灾害的预防与抢救；不仅要抢救受害人员，还要抢救重要物资。例如一些安全生产事故灾害，如空难、海难、核生化辐射救援等，还涉及许多技术性问题，需要依靠专业的救援队伍才能顺利完成。同时，对参与救援工作的各类人员和救援器材的保障也是救援实施必须考虑的重要问题，因此救援对象的多样性导致救援行动实施的复杂性。

4.1.1.4 专业性

人类的任何行动都要遵循自然和社会规律，应急救援行动也不例外。因此救援行动就需要专家的指导、专业队伍的参与和专业工具等方面的保障，这就体现了应急救援行动的专业性。

① 专家的指导。应急救援行动决策是一种特殊的决策活动，就自然灾害救援工作来说，大自然不会与你互动交流，不会考虑你的救援方案，它只遵循自己的规律。这就需要发挥应急救援专家的作用，因为他们更了解自然灾害的特点和规律，可以为决策人员提供科学的处置方案和对策建议，应急救援决策人员需要依托相关领域技术专家的知识、经验和技能来实现应急救援的科学决策。

② 专业队伍。不同的救援行动需要不同的力量完成，应急救援对象的多样性决定了救援行动不可能靠一种力量来完成，面对不同种类的突发灾难事件，需要各类专业队伍来实施应急救援，例如专业搜救队伍、专业支援队伍、专业防疫队伍、专业医疗队伍、专业打捞队伍等。这些专业队伍的救援速度、救援效率都是其他业余队伍所无法比拟的，是关键时刻可以力挽狂澜的救援力量。同时要注意到专业队伍的规模一般有限，对于重大突发事件仅凭专业队伍一支力量是不够的，还需要其他队伍的配合和支援。

③ 专业装备。在应急救援行动中，专业的救援工具和装备是救援人员高效开展救援行动的有力武器，面对不同种类的突发灾难事件，要想在有限的时间内成功开展救援工作，单靠诸如铁锤、铁锹、铁镐、刀子等这些传统工具是

远远不够的。特别是在危险源特殊、险情复杂、时间紧迫的情况下，专业救援工具装备往往起到关键性的作用，有时甚至决定救援行动的成败。例如地震救援中用到的生命搜索雷达、野外医疗方舱等，水灾救援中采用的立体式阻隔笼、大吨位半潜式抢险打捞船等，道路抢通中的大型起重机、推土机等，核生化救援中的正压救援车、洗消车等，这些专业化的救援工具和装备都能在救援过程中发挥至关重要的作用。

④ 专项行动。每一次应急救援行动都有其关键部位或关键环节，这些关键性难题的解决直接关系着应急救援行动的整体效果。专项行动就是解决应急救援中的关键问题和主要矛盾，例如汶川地震救援中的唐家山堰塞湖排险专项行动、南方冰雪灾害救援中的道路抢通专项行动、抗洪抢险救援中的堵决口专项行动等。对于应急救援行动中的关键问题和主要矛盾，就要组织开展专项救援行动，就要组织战斗力强、专业性强、作风顽强的力量来解决，确保整个救援行动的成功。

4.1.2　应急救援行动的基本要求

应急救援行动基本要求，是指应急救援力量在完成救援任务时必须遵守的行动准则，是应急救援指导思想、原则和规律的具体体现，是实现救援行动准确性和有效性的保障。依据应急救援指导思想、原则和规律，应急救援行动应符合的基本要求包括以灾情信息为先导、以预案演练为基础、以快速反应为前提、以科学决策为关键、以统一指挥为核心和以密切协同为合力，如图 4-2所示。

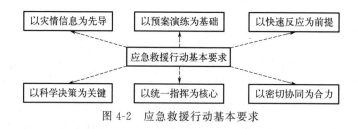

图 4-2　应急救援行动基本要求

4.1.2.1　以灾情信息为先导

灾情信息对应急救援行动具有极强的导向作用，尤其是对灾情信息的及时获取和准确判断是保证应急救援行动主动的基础。在应急救援行动中，尤其是重大突发灾难发生后，信息流往往比物质流、能量流更重要，这是因为灾区各类通信设施和信息采集手段都会遭到不同程度的破坏和损毁，造成受灾地区情况不明，影响救援决策和采取有针对性的措施。以灾情信息为先导，并不是说救援人员、装备和物资不重要，而是说明无论是救援行动还是装备物资保障，都需要以灾情信息为主线，才能有效发挥救援力量的作用。在应急救援实践中，需要通过各种信息渠道获得有效的早期灾情信息，只有获取了及时、真实、准确、全面的灾情信息，才能使各级救援指挥机构从全局出发做出正确的决策，使应急救援工作紧张而有序地进行。

4.1.2.2　以预案演练为基础

应急救援行动面临的实际情况复杂、专业性强、协同难度大，只有加强专业性和综合性预案演练，才能让救援力量掌握应急救援和自救的方法、程序和要求，学会灵活运用专业技能处置各种急难险重情况，才能提高应急救援力量的实际救援能力。预案演练是对预案的编制质量、可操作性和实用性的全面检验，通过演练可以修正、更新和完善预案体系，才能使其具有更好的应急准备、响应与实战能力。各级应急救援组织日常都应采取多种形式来开展应急救援预案的演练，尤其是重点受灾地区。应急救援预案演练不仅能熟悉预案内容和各岗位职责，还能锻炼部门之间的协同与配合能力，更能检验救援队伍的快速反应能力和应急救援效率，预案演练是应急救援行动的基础。

4.1.2.3　以快速反应为前提

大多数灾难事件的发生，事先一般都没有明显的征兆，即使具有一定预警能力，也很难准确预测其发生的具体时间和地点。灾难事件一旦发生，就会造成大量人员伤亡、财产损失，因此快速反应是由灾难事件的突发性这个基本属性所决定的。应急救援行动如同面对一场突发战争的挑战，一分一秒都显得十分宝贵，只有具备很强的快速反应能力，才能处变不惊，临灾不乱，才能及时有效地控制灾害后果。参与救灾行动的各类救援力量往往受命于危急之时，人员和救援装备能否及时快速到达现场开展行动，直接关系到应急救援行动的成败，因此救援行动必须以快速为前提，采取多种方式、手段来提高救援力量在各个救援环节中的反应能力，以确保救援行动取得成功。

4.1.2.4　以科学决策为关键

科学决策就是在应急救援行动中要坚持实事求是的原则，做到科学使用救援力量。科学使用救援力量就是要根据突发灾难的等级、规模和可能危害后果等，合理确定救援力量投入的时机、方式，人员、装备和物资种类等。科学决策就要求在救援行动中不要冒险蛮干，当灾难危害强度超过已有救援力量可以控制的程度时，就要果断采取退避措施，任何违反科学精神、违背客观规律的应急救援行动决策，都会导致更大的不必要的损失与危害。科学决策要求决策者敢于果断决策，更要善于科学决策，尤其是在面临重大突发灾难应急救援行动时。不论灾害事件发生得如何突然，在决策中都要讲民主、讲科学，都必须在尽可能短的时间内听取各方意见，绝不能在现场情况把握不准的情况下，主观臆断，盲目决策，一定要把握决策科学性这个应急救援行动的关键。

4.1.2.5　以统一指挥为核心

统一指挥是应急救援行动的核心，因为突发灾难事件发生后往往参与救援的人员、机构众多，构成复杂，而且各种指挥关系交错，而各类救援力量对现场情况的了解多是局部、有限的，只有统一指挥才能着眼全局，加强纵向与横向、内部与外部的协调，及时发现和处置救援行动中的各种问题，才能提高救援行动的效率，防范意外事件发生。只有坚持以统一指挥为行动的核心，才能保证各类救援力量发挥救援整体效能，实现指挥机构与指挥关系、指挥决策与指挥态势的有机结合。在统一指挥的同时，还要做到决策机构靠前指挥，做到责任人在第一时间到达救援现场，为科学决策和统一指挥提供第一手资料。

4.1.2.6　以密切协同为合力

密切协同，是指在应急救援行动中党、政、军、民协调一致，充分发挥社会大协作精神，齐心协力整体开展救援工作。动员、组织和协调一切可能的救援力量参与突发事件的抗灾救灾活动，不仅是抵御突发灾难事件的客观要求，更是团结一心、共克时艰来振奋民族精神的需要。特别是抵御重大突发灾难事件时，仅靠单一组织或单靠一种救援力量是难以达成目标的。因此，要以适当的形式和方法，使各类救援力量围绕救援总体任务目标展开救援，既要注重合理分工，又要通力协作，通过密切协同来提高整体应急救援效能，将各类救援力量形成整体合力，以获得最大的救援效益。

4.2　应急救援行动的分类

突发灾难事件的复杂性，决定了应急救援行动的多样性，既有应对自然灾害、事故灾难的救援行动，又有应对公共卫生事件、社会安全事件的救援行动。同时，应急救援行动具有时效性、社会性、复杂性、专业性等显著特点，这就要求必须深入了解和掌握各种模式的救援行动的主要任务、救援难点、救援要素和救援中应该把握的主要问题。

4.2.1 自然灾害应急救援行动

自然灾害是由于自然性因素引发的地壳运动、天体运行、气候变化等相关的灾害。对自然灾害进行救援的主要行动模式有震灾救援、火灾救援、水灾救援、风灾救援、雪灾救援等。

4.2.1.1 震灾救援

震灾救援主要是对由地震引发的危害人民生命和财产安全的山体崩塌、滑坡、泥石流、地面塌陷、地裂等与地震、地质作用有关的灾害及其次生、衍生灾害所进行的应急救援行动。

① 救援主要难点。一是搜寻难度大。震灾发生后，受灾地区大量建筑物倒塌，搜寻被埋压人员时，很难及时判明被埋压人员的数量和位置。即使已经判明甚至发现，也因大量倒塌体的阻隔和埋压，很难迅速将人员救出，尤其是在进行高大建筑物埋压人员施救时。二是险情环境多变。地震灾害往往会引发多种险情和隐患。首先是余震的危险，在强震之后，常伴有余震发生，灾区地面上的倒塌物仍处于不稳定状态，救援作业面临"二次倒塌"的危险。其次是人为坍塌的危险，建筑物倒塌后会重新形成临时相对稳固的组合结构，但在救援作业时，很容易因破拆等救援操作使其临时支撑结构失去平衡，救援人员及受害者都面临被埋压的危险。最后是继发灾害的危险，地震引发的火灾、水灾、有毒气体泄漏、燃烧爆炸等次生灾害，使救援行动处在多种灾害叠加的危险之中。三是组织协调困难。由于地震灾害除了使建筑物大量倒塌外，还会引发许多次生灾害，从而使救援行动面临多方向、多种类、多样式同时展开的问题，既要抢救受灾人员，又要管控救援现场，既要扑救火灾险情，又要防治水害危险，既要开展救援作业，又要注意安全防护，组织协调工作纷繁复杂。

② 救援基本要素。一是埋压人员救援。地震发生后一般会有很多受害人员被埋压，救援行动必须争分夺秒，科学施救，及早救出每个受害者。其行动子要素有询问、嗅听、侦搜、研判、爆破、医疗等。二是次生灾害救援。首先火灾是震灾中最容易发生的次生灾害，特别是发生在城市和厂矿企业的地震，有时地震引发的火灾比地震灾害本身的危害更为严重；其次是次生水灾，大地震会造成水利工程破坏、海啸等次生水灾；此外还可能引发事故灾害、公共卫生事件、生物灾害和社会安全事件等救援要素。

③ 救援中应把握的问题。一是注意余震的危险。救援行动应随时了解灾

情变化，并与各救援力量建立顺畅的通信联络，救援中要注意观察倒塌体的状况变化，及时采取相应的防范措施。二是科学施救。展开救援时应根据现场情况正确选择救援方向和突破口，并进行合理的编组，防止盲目行事，做到紧张而不慌乱。救援过程中要加强观察，稳中求快，尤其是使用机械作业时，每台机械都要配观察员，防止因强挖、硬拉而造成误伤事件。搜寻被埋压人员时，一般不应破坏倒塌体的整体支撑结构，防止救援过程中的二次倒塌。救援人员钻洞搜寻时，必须在洞口和关键部位设置观察员，并做好意外问题随时处置准备工作。三是防范违法行为。要加强救援现场警戒，防止无关人员进入，尤其要加强对重要目标（银行、仓库、居民小区）的警戒。

4.2.1.2 火灾救援

火灾救援主要是对由自然或人为因素造成的森林、草原火灾等带来的危害和损失所开展的应急救援行动。

① 救援主要难点。一是救援行动受限。森林、草原一旦发生火灾，蔓延速度快，发展势头猛，破坏威力大，抢救行动必须稳中求快。但是，救援力量机动又受到现场山高路远、周边配套设施少等多种因素的制约，严重影响救援行动的时效性。二是救援协同困难。森林、草原火灾一般火场线长、面广，需要军、警、民联合行动，森林、草原地区人口稀少，通信的基础设施薄弱，救援行动的展开与通信联络组织困难。三是火场环境险恶。森林、草原一般火灾规模大，救援人员对火灾的控制能力有限，火灾区域的风流对火势的影响巨大，风向、风速的变化都会显著改变火势的发展态势和风险程度，需要救援人员实时观察风势、火势的动态发展，及时了解掌握火情的变化趋势。四是救援装备保障困难。森林、草原火灾通常远离城市和乡镇，所需的一些灭火器材，例如风力灭火机、挖掘机、灭火弹、降雨弹等，这些救援装备都需要远距离机动，而森林、草原的公路、机场等基础设施不足，救援装备和器材的供应、维修和伤病员的救治等都将面临较大的困难。

② 救援基本要素。燃烧必须满足可燃物、氧气（助燃剂）和温度三要素齐全，因此扑救火灾时，只要消除其中一个因素，火灾就会被扑灭。一是林草火灾扑救。其行动子要素有清除隔离、火攻、扑火头、挡火线等灭火。二是受灾群众转移。森林、草原火灾发展迅速，火借风势变化无常，需要提前对可能受到火灾影响区域的居民、厂矿企业做好动员工作。其行动子要素有火情研判、动员准备、转移路线等。三是受伤人员救治。火灾会对周围群众、救援人员造成伤害，对于烧伤人员必须就地进行初步救治，严重者需要紧急送到专业医疗机构进行抢救。其行动子要素有隔离热源、检查余火、防休克、防窒息、

防感染、转运伤员等。

③ 救援中应把握的问题。一是扑灭山林火灾时，救援人员应穿戴防火的衣服、头盔和防护眼镜等，防止烧伤；要注意和掌握周围风力和风向，实时观察火情的变化，避免被流火烧伤，不能在迎火侧或在火势下风侧进行扑打灭火，当火势过大时，要躲避火锋，及时撤离到安全区；扑打地面火灾时，不能盲目进入，需要先查明地面火蔓延的界线，做好标示和警示，防止掉进燃烧的泥炭层或腐殖质层中被烧伤；注意观察作业区上方情况，防止燃烧的树木和树枝断落砸伤救援人员；伐树开辟防火隔离带时，要规定树倒的方向，实施时要加强观察，注意协同，以免树倒伤人。二是保持经常性联系，森林火灾发生地多为山高林密的无人区，各救援分队之间、各成员之间必须保持经常性的联系，对发现的新情况、面临的新问题要及时沟通交流，防止被大火隔离或处于危险境地。

4.2.1.3 水灾救援

水灾救援主要是对江河洪水、渍涝灾害、山洪灾害、台风风暴潮灾害以及由洪水、风暴潮等引发的水库垮坝、堤防决口、河岸坍塌、供水水质被侵害等次生、衍生灾害所进行的应急救援行动。

① 救援主要难点。一是救援机动困难。水灾发生后，灾区常被洪水分割成若干块，有时甚至成为互不相连的孤岛，加上恶劣的气候条件以及因洪水造成的公路、铁路交通干线损毁等因素，使救援队伍的机动问题变得十分困难。二是救援实施复杂。救援力量任务比较繁重，既要解救、转移受灾的群众，又要抢运大量受灾物资，同时还要固堤防险，防止发生次生灾害，一般救援过程中还要面临暴雨、山洪暴发等潜在危险，使救援行动组织实施变得非常复杂。三是救援保障受限。水灾救援行动多为水上作业，必须依靠水上送输工具和救生器材才能有效实施，由于经常受到区域地形、障碍物等的影响，这些救援工具的运输效率低。同时，固堤防险、转移群众、抢运物资等救援行动需要大量的水上交通工具，一般而言，水上交通工具的总量相对较少，临时筹措又受时间和条件限制，这样就导致救援能力受限，甚至贻误救援时机。

② 救援基本要素。一是堤坝排险。在洪水尚未泛滥成灾时，首先要保护堤坝，以削弱洪灾烈度。其行动子要素有加固加高、堵截决口、填堵管涌、堵塞漏洞等。二是解救受困人员。力争在洪水泛滥成灾之前，将大部分群众转移至预定安置点。若洪水已泛滥成灾，则应全力解救遭受洪水袭击的受困人员。其行动子要素有转移、疏散、解救、搜救等。三是抢运重要物资。在救援时间和救援条件许可的情况下，将重要物资转运至安全地带。对于难以运走的大型

物件、固定资产和来不及运走的贵重物资，应采取有效的就地加固和避防措施。其行动子要素有抢运、转运、加固、避防等。四是炸坝泄洪。从救援行动的整体利益出发，在充分收集信息和多方案论证后，必须在政府救援决策机构综合评估后慎重做出决策，行动应以专业救援队伍或部队专业分队为主。其行动子要素有水下爆破、坝顶爆破等。

③ 救援中应把握的问题。一是对灾情实施不间断的监控。水灾灾情广泛、变化急剧，救援行动中应严密组织观测和预警网络，加强对水灾状况与发展趋势的会商和研判，以保证救援决策和方案符合实际情况。二是靠前组织实施救援。由于受洪水阻隔，救援行动呈分散状态，尤其是在情况紧急、任务繁杂时，救援组织实施更要靠前指挥，以便及时、有效地处置各种突发情况。三是争取多方技术指导。水灾救援中的许多救援任务，如雨量水情研判、固堤排险、炸坝泄洪等技术要求高，救援组织应向相关部门寻求技术支持和现场指导。四是做好自身安全防护工作。救援人员应在采取可靠安全措施的前提下有序组织实施，切忌违章蛮干。同时，水灾地区易引发各种疾病，救援行动中应有针对性地做好预防和救治工作。

4.2.1.4 风灾救援

风灾救援主要是对大风、台风、龙卷风等气象灾害及其次生、衍生灾害所开展的应急救援行动。

① 救援主要难点。一是救援决策难。目前为止对热带气旋的生成发展能够做出比较有效的预报，但无法做到100%准确，尤其是风暴登陆的具体时间、地点及强度。这就使得灾前的救援行动准备工作带有一定的不确定性，在"等一等、看一看"的心理支配下，往往延缓了灾前救援行动的准备工作，有时也因抱有侥幸心理而行动缓慢，大大降低了救援工作的效率。二是救援实施难。热带气旋登陆所产生的狂风暴雨，对抢救作业产生很大影响，救援装备和人员在狂风暴雨中很难开展救援工作。三是救援组织难。风灾的群发特点，使救援行动呈多元化特点，既要抗大风，又要抗暴雨；力量调配、救援指导、物资器材保障等方面的救援工作难以全面顾及，给救援组织实施带来了一定的难度。四是自身防护难。救援人员在狂风暴雨中进行救援作业时，同样跟受害人员一样面临着灾害的直接威胁，如果保护措施不到位，就会造成救援过程中人员的受伤。

② 救援基本要素。一是受害人员救援。在风暴登陆期间救援时，要抓住风灾来临的相对较短的有利时机，迅速开展对受困人员的救助。其行动子要素有就地躲避、疏散撤离、搜排救治等。二是堤坝抢险。在风灾引发的洪水尚未

泛滥成灾时，要提前做好保护堤坝等预防工作。其行动子要素有加固加高、堵截决口、填堵管涌、堵塞漏洞等。三是重要物资救援。对各类贵重物资可采取就地或就近保护性措施。其行动子要素有避防、加固、抢运等。四是排险加固。全面排除可能引发重大隐患的各类险情，积极采取预防性加固措施，预防次生灾害的发生，其行动子要素有拆除和加固等。五是建筑物保护。对于比较稳固且有人员居住的建筑物，尤其是安排较多受灾人员的建筑物，应集中力量采取防护性措施，按照危险排除法清除室外危险隐患，其行动子要素有加固、清查等。

③ 救援中应把握的问题。一是做好宣传工作。随着社会经济发展和人民生活水平提高，恋"小家"心理比较突出。救援力量在抗风防灾行动中，大部分预防性救援工作都是在风暴登陆前开展的，在灾害来临前采取的措施可能导致少数群众不理解、不配合等现象，特别是一些救援行动可能触及群众的自身利益，如伐树移物、转移人员、食宿安排等，因而，救援力量要加大宣传工作的力度，积极引导群众理解灾情的严重性及抗风防灾的现实意义，自觉服从大局需要，积极配合抗风防灾救援行动。二是要留有机动力量。由于自然灾害发生存在随机性，目前对灾情的预报尚不能做到绝对准确，风暴的登陆时间、地点产生偏移的可能性较大，风暴登陆后，其向内陆移动的距离、速度和范围也具有很大的不确定性。因此，从整体救援布局来说，救援力量必须留有比较强的预备力量，并做好充分的准备，以便在灾情发生变化或偏移时，能随着情况的变化做出迅速而有效的反应。三是加强安全防护。在风暴登陆期间开展救援作业时，加强救援人员自身的安全防护尤为重要。行动前要注意探明险情，制定安全可靠的实施方案。参与救援行动的人员不允许单兵行动。救援人员要配备必要的救护器材，如保险绳、安全头盔、救生圈、救生衣等。现场救援指挥员要适时清点人数，一旦发现缺员要立即组织搜救。

4.2.1.5　雪灾救援

雪灾救援主要是指为应对冰雪对农业、工业、交通、通信造成的损失以及给人民群众生命、生活带来的严重威胁所开展的应急救援行动。

① 救援主要难点。一是救援力量机动困难。雪灾突发事件一旦形成，就会给救援行动带来多方面的困难。组织空投、空运时往往因气候恶劣、起降机场（场地）冰雪积聚等问题，使空中输送组织与实施受到较大制约；组织地面救援也因低温冰冻、积雪厚等问题，给长距离道路运输带来极大困难。二是搜救环境恶劣。搜救行动多在低温、风雪交加的恶劣气象条件下组织实施，且灾区经济遭受严重破坏，救援行动后勤保障困难，增加了搜救工作的难度。三是

救援通联不畅。首先，灾区通信、交通、电力等基础设施遭到破坏，很多被困人员与外界的联系中断，给组织搜救、力量分配等工作带来许多不明确性。其次，救援工作大多是军、警、民的联合行动，多种手段和方式并用，既有空中搜寻，又有地面救援，组织协同复杂。

② 救援基本要素。一是空中救援。空中救援是利用飞机实施的空中输送救援，一般是在紧急情况下或不易采取地面输送方式时采用。当有可供起飞、降落的飞行条件时，即可组织运输机、直升机实施救援行动。其行动子要素有气象侦察、机场清雪、空运、空投等。二是地面救援。当成灾地区广，被困人员较多，对粮食、燃料、药品需求量大时，在条件允许情况下就要积极组织车辆运送救急物资和转移受困人员。其行动子要素有排障清路、运送物资、解救受困人员等。

③ 救援中应把握的问题。一是车辆安设防滑装置。通过被冰雪覆盖的复杂路段时，要注意道路的位置及路况，防止选择错误路线而发生事故。长时间雪地行驶时要防止驾驶员双目眩晕，应合理组织休息或替换驾驶人员。二是空中救援要准确掌握气象条件，并加强地面引导，密切空、地协同救援。三是救援人员应配备防寒保暖、抗寒防冻物品。在低温、冰雪恶劣环境下长时间开展救援工作时，救援人员需要做好保暖和防冻伤措施，在山地救援时要注意坡面积雪雪崩的潜在风险。四是在边远地区搜救时，应提供可靠的通信联络装备，并保持不间断的联络。在救援行动中要随时掌握气候变化，加强自身防护，禁止单兵行动。

4.2.2 事故灾难应急救援行动

事故灾难类突发事件多是人的原因而导致的，当然也不排除客观因素产生的，它是人类社会发展过程中不该出现的"副产品"，一般多是由于技术缺陷、管理不善、工作粗心等人为因素而诱发的原本不该发生的事情。事故灾难救援主要分为：工矿企业事故救援、交通运输事故救援、公共设施事故救援、核辐射事故救援等。

4.2.2.1 工矿企业事故救援

工矿企业事故救援主要是对工矿企业重大火灾、矿难、泄漏、爆炸等所导致的重大人员伤亡和严重经济损失事故及其次生、衍生灾害所进行的应急救援行动。

① 救援主要难点。一是救援协同难。工矿企业生产事故发生后，参与救援的力量众多，如应急、消防、公安、环保及企业人员等，这些力量平时缺乏

救援联合演练，容易出现多头指挥、分头行动等问题。二是救援环境险恶。工矿企业种类繁多，作业环境多样，有的是地下煤矿开采，有的是海上石油开采，有的是发电厂，有的是化工厂等，一旦出现井喷、塌方、透水、火灾、爆炸、化学物质泄漏等事故，现场救援环境风险高。三是救援过程复杂。工矿企业安全事故发生后，突发的灾情多样化，既有火灾救援，又有矿难救援；既有危险化学品救援，又有电力设施救援；既要抢救受害人员，又要抢救各类重要物资。不同的险情救援的方式方法各不相同，而且多种险情交织出现，其救援过程复杂困难。

②救援基本要素。一是控制事故区域。救援力量到达事故现场后，应迅速对事发地域进行有效管控，可以根据救援任务及力量配置实施分区控制。其行动子要素有封控周边出入口、警戒事故中心区、疏散聚集人员、看守重要目标等。二是控制连锁反应。第一时间对事故区域的重要危险源、易引发二次事故的重要装置、有毒有害物料等进行有效控制。其行动子要素有灭火、堵漏、隔离、转移、断电等。三是尽快消除险情。消除正在发生的事故险情是工矿企业事故救援的重点，是防止事故扩大、减少损失的关键环节。其行动子要素有灭火、降温、降压、稀释、排水、隔离、医疗等。四是清理事故现场。在重要险情、设备和受害人员得到控制和救援之后，要及时清理事故现场，尽快恢复正常的生产秩序。其行动子要素有登记、统计、评估、抢修等。

③救援中应把握的问题。一是工矿企业安全事故处置专业性强，外部救援力量缺乏相关经验，需要制定完善的应急预案和事故处置方案，尽量将各种可能的事故风险都考虑到，并制定严密、具体、科学、有效的应对措施。二是配备足够的应急救援物资与装备，能够应对各类事故灾害，满足迅速处理事故的实际需要。三是各类部门要提供大力支持和协助，及时做好各方的救援协调工作，为救援行动争取更多的时间，争取更多的救援力量。四是要抓好人员培训和应急演练，确保应急救援人员具有较好的理论知识和实战能力。

4.2.2.2　交通运输事故救援

交通运输事故救援主要是对铁路、公路、地铁、内河航运、航空等交通运输中出现的重大事故开展的应急救援行动。

①救援主要难点。一是机动到位难。通常交通事故发生后，往往会引起人员围观，交通设施的破坏而引起的交通阻塞和秩序混乱，甚至可能引发新的交通事故，这些都直接影响救援力量的快速机动。二是事故隐患突出。交通事故往往会潜藏多种险情隐患，如交通工具内的易燃易爆的油料、载运的有毒有害物质，都有可能发生二次爆炸等次生事故。三是救援作业复杂。交通事故发

生后，既要开展灭火救援，又要疏散受害人员；既要控制事故现场，又要预防潜在危险；既要紧急抢救，又要保护现场重要证据；既要快速救援受伤人员，又要清理财物，救援作业复杂多样。

② 救援基本要素。一是控制事故现场。救援力量到达事故现场后，应第一时间会同当地救援人员一起对事故现场进行有效管控。其行动子要素有警戒现场、疏散围观人员、实施交通管制、看守人员和物资等。二是消除连锁隐患。开展救援的同时，应尽快对一切可能引起爆炸、有害物质泄漏的隐患进行消除，以免发生次生灾害。其行动子要素有事故现场勘察、危险区域标示、事故车辆固定等。三是救助受困人员。救助受困人员是交通事故救援的首要任务和决策的出发点。其行动子要素有交通工具破拆、灭火、隔离、医疗等。四是清理事故现场。当事故现场得到有效控制后，要及时清理现场，尽快恢复正常交通秩序。其行动子要素有事故登记统计、清障、抢修、疏导交通、洗消、清理等。

③ 救援中应把握的问题。一是交通事故发生后，应严格加强交通管制，防止无关车辆、无关人员进入事故现场而导致严重交通堵塞。二是应急救援时，应会同调查人员做好现场保护和勘查取证工作，方便交通主管部门事后判明事发原因及责任追究。三是对事故现场区域进行地质勘查，判明是否有滑坡、地层下陷、泥石流等情况，加固现场可移动的危险物体，防止次生事故发生。四是对受害群众进行集中管理，及时提供医疗救援服务，做好对受害者家属的解释说明和安置工作。

4.2.2.3　公共设施事故救援

公共设施事故救援主要是对重要公共建筑、道路交通设施、给水排水设施、能源供应设施、通信设施等发生的重大事故及其次生、衍生灾害所开展的应急救援行动。

① 救援主要难点。一是专业力量多元。公共设施包括大型复杂公共建筑、道路交通基础设施、给水排水设施、能源供应设施、通信设施等。这些设施都包含许多不同专业领域的技术，一旦出现重大事故灾难，就需要各个专业领域的人员共同参与，一起开展救援行动。二是协同救援复杂。公共设施灾害事故的救援，既包括事故现场的紧急救援，也包括维护社会安全稳定；既有政府及各类救援组织的参与，也有军队、武警及民兵预备役的参与，众多来源不同的救援力量交织在一起，救援行动的协同就比较复杂困难。三是救援行动备受关注。公共设施是构成社会存在和经济发展的基础，一旦公共设施出现重大问题，必然会引起社会的广泛关注，这种关注也必然会贯穿救援行动始末，对于

特大突发事件，甚至会产生深远的社会影响和后续问题。救援行动备受国内外的广泛关注，也会承受随之而来的责任和巨大压力。

② 救援基本要素。一是控制事故周边秩序。一旦公共设施发生事故灾难，往往就会在事故周边区域聚集大量围观人群，可能发生的二次灾害会造成围观人员的伤害，同时也不利于救援力量顺利开展救援工作。因此就需要事先对事故周边区域秩序进行有效管控。其行动子要素有清场、封控、警戒、交通管制等。二是尽快转移救治伤员。公共设施一般人员比较密集，一旦发生事故就会影响周边群众日常生产生活，往往会受到新闻媒体的广泛关注，其中人员伤亡情况是其中最敏感、最受关注的信息。因此在对事故设施进行救援时，要优先考虑对受害人员的救援工作。其行动子要素有搜索、解救、转移、医疗、信息发布等。三是事态发展评估。公共设施是一个庞大复杂的系统，涉及千家万户的切身利益，一旦出现事故就需要相关方持续关注事态发展趋势，提前做好事态发展预判和各类可能后果的应对准备工作，防止事态恶化。其行动子要素有原因调查、现场评估、隐患排查、态势研判等。四是事发设施排险。事发设施排险是公共设施救援行动中的关键要素，它直接关系到突发事故救援的成功与否，是救援力量实施救援行动的主要环节。其行动子要素有事故现场勘察、事发区域调查、故障排除与抢修、预防次生或衍生灾害等。五是持续隐患排查。由于公共设施体系比较庞杂，各个设施之间关联复杂，在对主要事发区域进行有效应急救援后，还要对事故现场和周边受影响的设施进行不间断的安全监控及隐患排查，防止再次发生或引发新的灾害。其行动子要素有安全巡查、险情通报、二次排险、救援效果评估等。

③ 救援中应把握的问题。一是要高度重视。公共基础设施事故救援是关系到国家安全和社会稳定的重大救援任务，各级政府机构和救援组织必须对救援任务予以高度重视和充分准备，以人民群众的利益为上，坚决组织好救援行动的各项工作。二是要积极调配救援资源。这些资源应包括物资保障、救援队伍、救援准备、医疗资源以及社会中一切可以调动的资源，充分利用可获得的救援资源开展有效的救援工作。三是要做好新闻宣传工作。突发事件发生以后，为了防止不实信息、恶意造谣等负面信息传播，各级政府管理机构和救援组织要及时召开新闻发布会，及时公布现场救援情况、进展和人民群众关心的问题，积极回应社会关注热点，做好新闻发布和舆论管理工作。

4.2.2.4　核辐射事故救援

核辐射事故救援主要是对核应用因设备故障、违章操作、核材料丢失与被盗等发生的核辐射事故、核污染事件及其次生、衍生灾害所开展的应急救援行动。

① 救援主要难点。一是污染范围确定难。重大核辐射事故发生后，由于核辐射扩散速度受到气候、地形、时间等因素影响较大，污染区的范围会随时发生变化；目前核辐射事故危险区、污染区、安全区的判定都依赖于有关检测数据结果，而事故发生初期检测取样难度较大，这给判定污染范围和程度带来了较大困难，也使得救援力量部署、控制要点选择、救援（防护）方式采用具有一定的不确定性。二是险情威胁直接。事故中大量受辐射或出现中毒症状的人员需要及时抢救和转运，由于准备时间仓促和受防护条件的制约，救援人员往往很难做到全身性防护，因此面临险情的直接威胁。三是技术依赖性强。核辐射事故对人员、设备、环境等造成的污染，由于"看不见、摸不着"，需要专业技术力量来识别、评估和判定，因此，救援中无论是判定事故性质、程度，还是控制事态发展，无论是抢救受伤人员，还是洗消受污染设备、环境，都需要使用专业设备、专业材料和专业力量来完成。

② 救援基本要素。一是切断核辐射源。切断（控制）核辐射源，是减少伤害和实施其他救援行动的基本前提，救援力量要在事故单位等的协助下，迅速切断（控制）核辐射源，防止事态进一步扩大。其行动子要素有隔离屏蔽、降温堵漏、解毒稀释、封闭掩埋等。二是救援受辐射人员。核辐射事故发生后，污染区内的人员每时每刻都在受超剂量照射或有毒物侵入的危害，救援人员必须尽快把受害人员转移到安全区域。其行动子要素有搜寻、清洗、转移、医疗等。三是控制污染区。要对污染区实施控制，防止无关人员、车辆等误入受到伤害。其行动子要素有交通管制、标示边界、警戒、巡逻、宣传等。四是组织附近区域居民撤离。在污染比较严重、短时间内无法消除危害时，要将周边群众从已经或即将受到事故影响的区域撤离，这是最好的防护措施。其行动子要素有确定安置点、制订撤离或搬迁计划、宣传疏导、组织交通运输等。五是实施污染区洗消。对已受到核辐射污染的人员、设备、器材等进行洗消，是核辐射事故救援的一项重要内容，也是减小灾害损失的有效措施。其行动子要素有人员清洗、动物宰杀和深埋、道路冲洗、土壤铲运、建筑物及设备表面清洗等。

③ 救援中应把握的问题。一是做好自身防护。救援的各类人员应根据所执行任务的具体情况，切实搞好自身防护，例如用雨衣对身体进行防护，用口罩、湿毛巾对脸部进行防护，用雨鞋或胶鞋对脚部进行防护，等等。在自身防护不彻底的情况下，应尽量减少在污染区的停留时间。救援时应做到快进快出；离开污染区或完成任务时应接受检测，搞好洗消。二是科学合理施救。核辐射事故抢救是一项技术性很强的工作，救援行动必须讲究科学，周密计划，

严密组织。要依靠专业装备和技术力量，严格按科学的规程办事。三是做好社会舆论管控。救援人员要做到不听、不信、不传各种谣言，救援组织应适时发布救援进展情况，回应社会关切问题，发布权威救援信息，做好辐射防护知识宣传，做好舆论管控工作。

4.2.3 公共卫生事件应急救援行动

公共卫生类突发事件，通常是由客观因素中的各类传染病等引起的，涉及较多人群，产生严重后果的突发事件。突发公共卫生事件虽然难以预测，但人们能够采取的最有效办法，就是在灾害来临之前，构筑一道坚固的公共卫生防御屏障，建立健全快速反应力量并进行积极的防范与准备工作。突发公共卫生事件应急救援行动可分为：传染病疫情救援、群体性不明原因疾病救援、动物疫情救援等。

4.2.3.1 传染病疫情救援

传染病疫情救援主要是对受到疫情威胁的人民群众生命健康和由疫情传染、救治而带来的财产损失所开展的应急救援行动。

① 救援主要难点。一是疫点多变难定。疫点是指病原体从传染源向周围播散的范围较小或者单个疫源地。因为传染源有一定的活动范围，其存在或在一定时间内曾经存在的位置不确定，初期救援人员很难准确对疫点进行定位。二是疫情传播路径多样。作为病毒的载体——人群或动物的传播途径多样，传染源经过的区域或行走路线不确定，易感人群的二次传播概率不确定，这些都导致切断传播途径、控制传染源的工作很难顺利开展，需要反复调研和分析判断，这给救援人员实施救援带来较大的困难。三是救援专业知识不足。应对传染病疫情需要流行病学、医疗专业技术知识，很多救援人员都是非专业人员，需要在流行病学专家的指导下开展救援工作，由于专业知识不足，救援人员在行动效率及自身安全防护方面都会面临较大的困难。

② 救援基本要素。一是疫情动态监测。建立疾病信息报送和监测系统，组织开展流行病学调查，对可能发生的传染病、传播途径及其危险因素进行分析、预测，并提出防治应对措施。二是分级分类救治。对疑似病例、确诊病例等患病人员进行分级分类救治与转运，对于传染性强的应设立独立的救治区，集中优势医疗资源开展医疗服务与相应的救治工作。三是切断传染源，设立隔离区。在救援初期对疑似病例进行隔离观察与治疗，可参考传染病防治最高标准执行，后期可根据传染病情况进行动态调整。四是防止疫情扩散。加强食品、饮水卫生监督管理，加强对蚊、蝇、鼠等病媒生物的监测。

③ 救援中应把握的问题。一是必须加强自身防护。救援行动前应排空大、小便，严格穿戴个人防护用品，在救援过程中一旦出现外伤或防护用品失效、要立即处理和应对，要储备和合理调运相关医疗物资，避免出现非战斗大量减员问题。二是加强疑似病人的隔离与救治，收治病例的医疗机构应设立通风良好的专门病区，传染病区应与其他病区隔离，可分设清洁区、半污染区、污染区等。救援人员应严格遵守操作规程和消毒制度。三是开展疫情知识宣教，利用多种形式开展疫情知识的普及教育，指导救援人员和群众以科学的行为和方式对待疫情，增强个人防范意识和自救互救能力。

4.2.3.2　群体性不明原因疾病救援

群体性不明原因疾病救援主要是对未知疾病所可能造成的对人民生命的威胁和由此引发的社会恐慌所开展的应急救援行动。

① 救援主要难点。一是疾病救治难。在发病原因不明的情况下，对疾病的临床治疗、药物筛选、疫苗研制和疾病流行规律判断等方面都面临巨大挑战。二是救援资金需求大。由于疾病发病原因不明，需要对疾病进行科研攻关确定病原体，还要研制医疗药品、灭活疫苗和防护装备，并进行临床治疗和评估改进等工作，这些工作都需要投入大量资金。三是救援专业性强。参与救援的军队、武警、民兵预备役以及社会组织都缺乏足够的传染病知识，需要专业医疗人员的指导才能做到救援工作有的放矢。四是救援物资供给紧张。不明原因疾病由于传播速度快、人员流动等因素，会造成感染区域不断扩大，受传染的群体呈现指数级的增长，这都会使各类医疗器械、药品、隔离病房和疾病防护用品的需求量呈现爆发式增长，生产供给压力巨大。

② 救援基本要素。一是及时发布疫情信息。各级政府机构和救援组织要及时通过权威机构发布疫情防控工作方针、政策和措施，及时公布疫情和防控工作动态，展现负责任政府形象，消除社会恐慌。二是尽快控制疾病扩散蔓延。要实行疫情报告制度，做到早发现、早报告、早隔离、早治疗，要做好重点区域、重点环节的防控工作。加强对人员流动和交通运输工具的防控工作，依法依规采取必要的防范隔离措施。三是加强规范化救治。提高收治率和治愈率是对不明原因疾病救治行动的核心要素，紧急救治工作要坚持分散急诊、集中收治原则，要规范临床治疗标准，组建临床治疗专家组，提高诊断准确性和患者医疗效果。四是维护正常社会秩序。在救援行动中，救援指挥部在展开防治救援工作过程中，要注意及时、准确收集掌握有关情况，有效预防、妥善处置可能引发的群体性事件，尽量减少干扰正常社会秩序的一些防控措施，依法严厉打击违法犯罪活动。

③ 救援中应把握的问题。一是要健全救援组织机构。应急救援指挥部成立后，要与各级政府管理部门、救援组织和志愿者构建分工合理、上下联动的运行机制，保障各类救援力量全力以赴开展救援工作。二是要统一协调人力、物力和财力。救援指挥部要建立各疫区物资保障网络和配送机制，要提高各类救援医疗物资的生产能力，要统一调度防护、消毒、医疗用品和生活物资，保障疫情严重地区的物资需求。三是加强国际交流与合作。通过国际交流，获取国际组织、其他国家的支持与协助，建立国家间防治工作联系机制，开展国际医疗救援合作，通过充分的交流、互助和联合行动，争取最大限度的国际支持与帮助。

4.2.3.3 动物疫情救援

动物疫情救援是防疫部门组织救援力量在灾害区，以扑杀、消毒、紧急免疫、无害处理等为主要内容所开展的应急救援行动。

① 救援主要难点。一是疫情防控难。动物疫情传播速度快，如果不能得到及时有效的控制，会迅速向周边地区扩大蔓延，严重威胁当地人民群众的生命财产安全。救援行动必须高效迅捷，以最短的时间完成疫情防控，才能在最大的程度上消除人民群众的恐慌和减少财产损失。二是救援组织任务繁重。疫区面积大，疫情点多，导致救援力量分散，救援组织指挥与协调工作难度大。三是救援人员易受感染。动物疫情虽然在动物身上首发，并且在动物群体中快速传染，但病毒也可能会在人群中传播，救援人员在行动中直接面对疫情动物，极易面临被感染的风险，触发形成新的疫情。

② 救援基本要素。一是做好疫情监测工作。建立动物疫情监测网，组织开展现场调查，对发生疫情的动物及其他危险因素进行调查分析，在各疫情点设立监测小组，实行疫情专报制度，做好动物疫情监测与预警工作。二是封控动物疫区。按照疫情严重程度进行分级防控和分片处置，在各个疫情点成立巡逻小分队，实施不间断的巡查，在疫情重点地区要设检查站，防止动物疫情跨区域传播蔓延。三是清除疫情传染源。组织救援人员有计划地对疫区内各类受感染动物实施定点救治或扑杀，做好无害化处理，对感染区进行洗消作业，防止疫情蔓延和人畜二次感染。

③ 救援中应把握的问题。一是加强宣传和组织工作。动物疫情大范围暴发，会给广大群众造成直接经济损失，引起人民群众的恐慌。在进行大规模的疫苗接种或扑杀行动时，要争取群众的理解与支持，对于群众关心的利益诉求要及时予以回应。动物疫情救援往往面临时间紧、任务重、点多面广、保障困难等问题，需要各救援力量密切协同，相互配合。二是加强自身防护。要对救

援人员开展动物疫情专题教育与培训，传授科学的防疫知识，规范救援行动。加强对救援人员的疫情监测和体格检查，遇到疑似情况要立即撤离救援人员。救援给养保障应坚持在疫区外采购、在疫区外加工，在安全区域就餐、喝瓶装水等。

4.2.4　社会安全事件应急救援行动

社会安全事件是指危及社会秩序、社会发展和社会稳定的重大安全事件。随着社会的不断发展，公共安全领域面临的突发问题日趋呈现出多样化和复杂性，并受到社会各界的广泛关注。社会安全事件涉及面广，参与救援力量复杂，应急救援行动主要分为：恐怖袭击事件救援、群体性事件救援等。

4.2.4.1　恐怖袭击事件救援

恐怖袭击事件救援主要有爆炸、劫持、暴力袭击、生化及核辐射等，其救援的主要任务是对受到恐怖袭击的公共设施和受害人员开展应急救援行动。

① 救援主要难点。一是救援任务紧迫。恐怖袭击事件一般都是恐怖分子秘密策划实施的，事前往往难以预料，而且事发地多为商场、地铁、广场等人员密集场所，易造成重大人员伤亡和财产损失。这就要求救援力量必须以最快的速度到位，以最高的效率展开救援。二是社会影响巨大。恐怖袭击事件发生后，往往会引起巨大的社会恐慌，严重影响正常的生产生活秩序，也会造成恶劣的国际影响。高效、迅速的救援行动是减轻、消除恐怖袭击后果的有力手段。三是救援危险性大。恐怖分子实施袭击时，可能存在不同地点、不同袭击方式，既包括暴力袭击事件，也有可能是核生化恐怖袭击，恐怖分子可能携带有攻击性武器，也有可能发动二次恐怖袭击，这都给救援人员开展救援行动带来很大风险。四是专业技术要求高。恐怖袭击类型的多样性，决定了救援中需要各类专业救援力量和救援装备，特别是核生化恐怖袭击，其对救援力量的专业性要求很高。

② 救援基本要素。一是迅速查明情况。救援组织要在第一时间通过各种信息渠道了解恐怖袭击的基本情况，确定袭击的目标、手段和对象，为后续救援行动提供应对方向。二是快速机动与应对。救援力量要力争第一时间到达救援地域，一边了解实际情况，一边按照预案要求开展处置行动，重点对恐怖分子的行踪和可能发动的二次袭击做好预判。其行动子要素有地面机动、空中机动、水上机动、情报收集、特勤处置等。三是人员医疗救援与疏散。第一时间要对在恐怖袭击中受害人员进行紧急的医疗救援，对事发地群众进行紧急疏散，转移至安全区域，对周边区域人员进行隔离保护。其子要素有医疗救护、

设施救援、人员疏散等。对于核生化恐怖袭击，要快速、准确地检测毒物种类，控制和转移毒源及污染区洗消等。

③ 救援中应把握的问题。一是掌握舆论主动。恐怖袭击事件往往都具有极强的动机性，事件发生后要利用国内外新闻媒体进行宣传与舆论引导，争取国内外对救援处置行动的理解与支持。二是确保人员安全。恐怖袭击事件救援任务艰巨、时间紧迫，救援人员往往需要面对带有武装的恐怖分子，在实施救援时既要考虑救援对象及危险环境对救援的影响，又要防范恐怖分子的袭击，最大限度地减少人员伤亡。三是注意次生衍生事件。恐怖袭击事件会对社会安全稳定造成严重影响，极少数不法分子会乘机制造混乱。开展违法犯罪活动，这就要求在救援行动实施中，既要控制事发地的应急处置，也要防控社会面的整体稳定，对重点区域、重点人群加强管理，防治发生次生衍生事件。

4.2.4.2 群体性事件救援

群体性事件救援是对由人民群众内部矛盾或利益冲突所引发的突发事件而开展的人员疏导、医疗救治和公共设施保护等应急救援行动。

① 救援主要难点。一是救援现场复杂。群体性事件救援中一般人员众多，既有救援力量，又有围观群众，也有事件参与方，救援力量需要区分对待不同性质的参与人员。对于围观群众要尽快劝离现场，对于不明真相的普通参与者要积极劝导，要求其主动撤离现场，对于幕后组织、带头挑事人员要予以有力打击。这需要救援人员尽快理清事实，区别对待不同性质参与人员。二是救援任务多样。群体性事件中既有暴力肢体冲突，也有破坏公共基础设施的行为，既有造成交通（道路）阻塞的行为，也有非法占领行政机关等行为，这使得救援对象种类众多、处置难度较大。三是沟通与隔离难度大。群体性事件通常人数众多，其中大部分是不明真相的群众，需要开展疏导、宣传。救援人员在实施救援过程中，一般缺乏必要的个体保护，容易受到暴徒等闹事人员的语言和人身攻击，从而影响救援行动的有效性，也容易导致救援人员受到伤害。

② 救援基本要素。一是了解现场情况。了解群体性事件现场情况和事件发展的过程是制定科学合理救援方案的基础，救援力量到达事发现场后要仔细了解当前事态、发展趋势，为合理安排救援力量的分布及行动主要方向提供依据，还要了解受伤人员和被破坏公共设施的详细情况。其子要素有询问、侦察、信息收集、焦点问题等。二是确定救援方案。确定救援方案时要重点考虑对立双方的情况，了解主要救援对象，救援区域的人文、习俗等情况，可提供

救援的协助力量等。其子要素有救援行动的主要任务、救援力量的编组与配置、救援行动的方法与策略等。三是救援行为协同。群体性事件救援中，需要救援力量同其他力量之间密切协同，这是救援行动顺利开展的重要保证，也是救援人员自身安全的重要依靠。其子要素有救援力量内部协同，救援力量之间的协同，救援力量与处置力量之间的协同。四是开展救援行动。救援力量能否实现救援目的，取决于救援行动能否顺利开展，为了有效应对群体性事件，需要有针对性地配置专业人员和救援队伍，例如司法调解员、医疗救援人员、武装警察、利益相关方代表等。其子要素有接近救援对象、控制救援区域、优化救援方案、实施救援行动、撤离救援现场。

③ 救援中应把握的问题。一是掌握政策。应急救援组织需要充分理解、掌握救援行动的法律、政策原则，灵活处理面临的矛盾性问题，这是确保群体性救援行动成功的根本前提和重要保证。因此面对各种艰苦救援环境，都应坚决服从上级的指示，坚决贯彻上级的救援意图。二是分清主次，把握关键。群体性事件往往都会对参与双方人员、无关群众造成伤害和对公共设施造成破坏。由于现场人员结构复杂，需要在救援工作中把握救援对象的主要矛盾，明确救援工作中的重点和难点，确定合理的救援基本原则和顺序，以保证救援力量行动效益的最大化。三是因势利导，活用方法。在众多的群体性事件救援中，没有完全相同的救援背景和现场情形，这就要求参与救援的各种力量要善于准确预测救援中可能遇到的复杂情况，把握现场救援形势的变化，审时度势，因情就势，灵活运用各种救援方法和策略，顺利完成群体性事件救援任务。四是统一指挥，密切协同。群体性事件救援是涉及多个管理部门、多种救援力量和多目标任务的联合行动，只有在救援指挥机构的统一领导下，所有救援力量密切协同配合，才能发挥整体合力，才能增强整体救援能力，才能取得预期的救援效果。

4.3 应急救援行动的程序

应急救援行动时间紧迫、任务艰巨、组织复杂、专业性强，这就要求参与行动的救援力量要按照科学合理的救援行动程序开展救援活动。一般救援行动按照启动应急响应、组织力量投送、现场救援准备、指挥救援行动、组织后续救援和组织力量撤离等作业程序，有效组织救援力量实施救援行动，具体如图4-3所示。特殊情况下，可以合理简化应急救援行动程序，提高救援行动效率，以便更加快速和高效地完成任务。

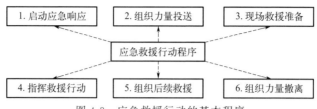

图 4-3　应急救援行动的基本程序

4.3.1　启动应急响应

应急响应是指突发事件发生后，根据突发事件等级来开展相应级别的应急救援行动。突发事件一般分为特别重大、重大、较大和一般四级，相应建立一、二、三、四级响应等级。启动应急响应后，救援组织机构应根据应急预案要求成立领导机构，组织救援力量做好救援行动准备。

① 成立救援领导机构。根据应急救援的相应等级成立对应的应急救援领导机构，通常以行政区划单位为基础，设为国家、省（自治区、直辖市）、地（市）、县（旗）等级的救援领导机构，一般对应特别重大、重大、较大和一般等级突发事件的应急救援任务。即国家级、省级、市级和县级救援机构，各级救援领导机构要加强军、地横向联合和上下级之间的垂直协作，以便发挥整体应对优势。

② 搭建应急信息网络。应急救援中的信息系统直接关系到应急救援行动的沟通效率，是应急救援行动的基础保障条件。信息网络包括有线网、无线网、移动网、卫星通信等基础网络。建立信息网络的目的是保证上下级、各职能部门、军地、个体与组织之间各类救援信息的沟通与传递。

③ 成立媒体应对机构。重大突发事件都会引起社会公众的普遍关注，严重时会影响社会和谐稳定。因此在应急救援行动中各级救援组织要迅速成立新闻媒体等相关机构，积极主动面对媒体和社会热点，发布突发事件的基本情况、当前已采取的各类救援措施，实现稳定人心和社会面的目标。

④ 初步评估灾难后果。各级应急救援领导机构要组织相关专家和专业人员，收集、分析和评估突发事件造成的人员伤亡、经济损失和社会影响等各个方面，为实施救援行动提供重要参考信息和具体行动建议，同时对外发布预警信息，启动应急救援预案。

4.3.2　组织力量投送

组织应急救援力量投送，确保救援力量及时部署到位，是应急救援行动的先决条件。应急救援力量投送一般包括救援人员、救援装备和救援物资等方面的投送。投送前要了解受灾区的基本情况，查明投送地域情况，确定投送力量组成及编组，合理选择投送路线及投送方式，组织其他投送保障工作等，如图 4-4 所示。

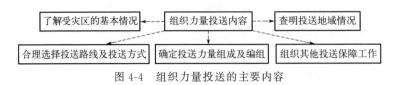

图 4-4 组织力量投送的主要内容

① 了解受灾区的基本情况。主要了解突发事件发生的时间、地点、性质、种类、强度、人员伤亡、财产损失、发展趋势及可能造成的影响等内容。

② 查明投送地域情况。主要查明投送地域的地形、道路、交通、水文、气候等，判明这些情况对救援力量投送的主要影响，保障应急投送工作顺利开展。

③ 确定投送力量组成及编组。救援力量的组成要根据其所担负的具体救援任务来确定，由于不同救援力量的救援能力和专业不尽相同，要结合具体任务将救援人员、救援装备和物资进行优化组合，以体现救援力量的最大效益。对不同任务方向、不同任务区域、不同任务阶段的救援力量进行合理编组，以确保救援力量在规定的时间到达指定地点后能有效实施救援行动。

④ 合理选择投送路线及投送方式。确定投送路线时要根据救援行动任务的要求，尽量选择通行条件好、距离近、迂回道路较少的路线，采用地面、空中和水面等单一投送或多种投送方式组合。有多种投送方式可行时，根据灾情、投送地域具体情况、投送力量自身特点等多种可能影响投送效率的因素，灵活选择投送方式，确保救援力量按时、保量到达救援目标地域。

⑤ 组织其他投送保障工作。应急救援力量投送内容多、体量大，投送时效要求高，协调组织困难，为保证救援力量投送工作顺利实施，需要做好投送装备保障、通信保障、后勤保障、人员动员保障等多种保障措施，应急救援力量投送要立足复杂情况，做好应对各种困难的预案准备，确保救援力量和物资顺利投送到位。

4.3.3 现场救援准备

救援力量在实施现场救援前应做好现场救援准备工作，听取受灾地区管理机构、受灾群众对救援现场的情况介绍，也可以通过自行组织对救援现场进行仔细调查，以便掌握救援现场实际情况，明确具体救援任务，确定具体实施方案及协同关系等，具体内容如图 4-5 所示。

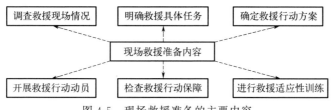

图 4-5 现场救援准备的主要内容

① 调查救援现场情况。救援力量到达现场后，要立即对现场的情况进行仔细调查，及时了解救援现场的真实情况，为下一步的救援行动提供基础。主要内容包括：受灾基本情况，包括人员伤亡、财产损失和环境污染等；救援现场的地形、地貌、气候、水文、社会情况等；参与救援力量的基本情况和救援进展情况。

② 明确救援具体任务。明确救援具体任务是救援人员有序开展救援行动的基本要求，目的是明确救援行动任务及具体行动在整个救援任务全局的地位及作用，以便正确制定救援行动方案，顺利实施救援行动。主要内容包括：突发灾难事件的基本情况，应急救援的意图；救援主要任务及行动方法，救援任务分工与协同等。

③ 确定救援行动方案。确定救援行动方案是对救援行动目的和任务进行决策的过程，是救援准备阶段的核心工作，是救援力量实施救援行动的基本依据。救援管理人员要在充分调查突发事件现场、掌握实际情况、准确分析判断的基础上，科学合理地确定救援行动方案。主要内容包括：救援行动的目的及任务，现场救援力量、救援装备的组成与编组，主要救援方法与任务分工，不同救援力量的协同配合等。

④ 开展救援行动动员。救援行动前应适时组织救援人员开展思想动员活动，动员教育要有针对性，突出重点、简明扼要、注重实效。主要内容包括：救援任务的目的、意义，救援的基本方法和要求，救援可能面临的主要困难和问题，有关政策、法规和纪律要求等。通过救援动员活动，使参加救援的人员树立敢打必胜的信心，做好攻坚克难的思想准备，发扬优良传统作风，坚决完成应急救援任务。

⑤ 检查救援行动保障。救援力量开展救援行动准备后，要深入、全面检查救援装备、通信器材、安全保障设备等，发现问题及时纠正，确保救援行动的顺利完成。

⑥ 进行救援适应性训练。在时间和条件允许的情况下，救援组织要开展

救援人员适应性训练，通过训练巩固和增强参与救援人员的实际救援能力。主要内容包括：有针对性的救援知识学习、救援程序与救援行动方法、救援技术装备使用操练、救援人员身体素质适应性锻炼、救援中安全避险训练等。

4.3.4 指挥救援行动

指挥救援行动，是应急救援行动过程中最紧张、最具挑战性的阶段，要求决策人员根据救援任务需要、救援现场情况，统观全局、审时度势、把握关键，准确预见并把握救援进程的发展变化，灵活运用各种救援方法和救援装备，对救援队伍实施坚决、灵活的指挥与协调，顺利完成救援任务。

① 掌握救援进展情况。指挥人员应在救援现场一线掌握救援工作的进展情况，正确预测救援行动的形势发展，确保救援主观判断符合救援现场的实际情况。一是要掌握灾害基本情况：针对灾害发生的规律和特点，多渠道、全方位掌握救援现场动态情况，保证救援行动信息的有效性。二是要掌握救援力量、救援工作进展和装备损耗等情况。三是要掌握救援区域的气候、地形、人文、习俗等情况。

② 控制协调救援行动。救援指挥机构应控制协调各类救援力量落实救援行动方案，实现救援目标的活动。能否最终实现成功救援，关键取决于能否有效地控制协调各救援力量的行动，通过不断解决救援过程中出现的实际问题，确保整个救援行动有序进行，从而最大限度地发挥救援力量的行动潜力。主要内容包括：一是监督参与人员执行救援方案。主要是检查参与人员对救援方案的理解程度，救援小组的各项救援行动方案是否符合总体方案要求，对不符合要求和不合理的措施要及时予以纠正。二是防止救援力量的无序行为。救援现场存在许多不确定性，使救援行动不可避免地会出现一些背离救援方案的现象，需要指挥人员进行及时的纠偏调控和协调，使救援行动有序进行。三是帮助救援力量解决面临的问题。指挥人员要及时掌握救援实施过程中的实际情况，对人员伤亡、装备损耗和物资保障要给予特别关注，及时帮助解决这些实际问题。四是协调各类救援力量的行动。指导各类救援力量之间的协同配合，增强救援力量整体合力。

③ 适时修正救援方案。当救援行动实施过程中发生一些重要变化时，指挥人员要及时、果断修正原有的救援方案，主要情况包括：一是救援现场实际情况与救援行动方案发生冲突，原计划救援方案无法实现既定的救援目的。二是救援力量、任务发生变化，当救援力量不能按计划参与救援工作或救援力量不能满足任务要求，或者实际情况超出预想变化情况时，原计划救援方案和目标应随之发生调整。指挥人员修正救援方案要及时报请现场救援领导机构批

准，当情况比较紧急或者无法请示时，指挥组织应当临机决策，果断处置，事后应及时向现场救援领导机构报告。

4.3.5 组织后续救援

救援力量在救援取得初步成效后要做好后续救援行动，主要包括：控制次生、衍生灾害，救治受伤人员和保护重要设施，进一步开展突发事件的调查，积极开展群众性工作，等等。

① 控制次生、衍生灾害。突发事件通常破坏力巨大，而且会随时间发生变化，救援力量在后续救援行动中要控制救援现场，消除各种事故隐患，做好安全防护工作，防止由于次生、衍生灾害的发生而造成人员伤亡，甚至救援行动的终止。

② 救治受伤人员和保护重要设施。要组织专业医疗队伍对受伤人员开展现场紧急救护，同时尽快将伤员转移至后方专业医院，使其得到进一步的治疗。对救援现场的重要设施要进行警戒和保护，防止重要设施发生突发情况。

③ 进一步开展突发事件的调查。应急救援力量要配合现场调查专家对突发事件进行进一步的调查和研究，包括突发事件的性质、发生的原因等，为应急救援机构决策提供更多依据。

④ 积极开展群众性工作。救援力量要做好对受灾群众的宣传、安抚及灾后重建等工作，成立医疗及心理咨询机构，力争消除灾害对受灾群众生理、心理造成的伤害，力争尽快恢复当地正常的生产生活秩序，维护社会稳定。

4.3.6 组织力量撤离

救援力量完成救援行动后，应根据救援指挥机构的安排，制订撤离计划，组织救援队伍按时、安全返回并做好善后工作。

① 制订撤离计划。救援行动结束后要制订撤离计划，主要内容包括：救援力量撤离的时间、路线，各救援队伍撤离的顺序、方式及方法，以及撤离中的各项相关保障等。

② 清点装备物资。组织救援队伍清点人员、救援装备和物资：一是清点人员，采取分片或集中的方式，自下而上地清点，尤其做好伤亡人员的清点，确保数据准确，并上报清点情况。二是清点救援装备和物资，组织救援人员检查登记，确保救援装备器材和物资的数量及损耗准确无误。

③ 总结救援情况。救援行动结束后，指挥人员应组织参与人员认真进行救援总结，及时撰写救援行动总结报告。主要内容包括：突发事件的基本情

况，救援领导与决策，救援方案及救援任务，救援力量、装备器材、物资等，救援经过、结果与成效，人员伤亡、装备损耗情况和主要经验教训等。

④ 做好善后工作。救援力量返回后要科学合理地安排参与人员的工作、生活：一是组织救援人员休整，根据条件调剂改善伙食，使救援人员尽快恢复体力；保养救援装备、补充救援物资等。二是广泛开展谈心活动，调整救援人员心理状态，缓解紧张、应激情绪。三是恢复正常的工作生活秩序，慰问伤病员，做好抚恤善后工作，解决参与人员的实际困难，表彰有突出贡献人员。

思考题

1. 应急救援行动的基本程序有哪些？不同环节如何有效衔接？
2. 应急救援行动的主要任务是什么？如何科学合理安排各任务？
3. 不同类型突发事件的应急救援差异主要体现在哪些方面？

第五章

应急救援演练与保障

本章提要

本章主要介绍应急救援演练的主要形式、演练内容和实施步骤，应急救援保障的主要类型和方式，重点掌握应急救援演练内容与实施步骤、应急救援保障的类型与方式。

5.1 应急救援演练概述

应急救援演练，是提高应急救援能力的根本途径，是做好应急救援准备的关键环节。应急救援演练是一项涉及党、政、军、民的跨部门、跨区域、跨领域的系统工程，是在军地共同筹划下，组织相关部门及专业应急救援力量，逐级完成理论教育、技能训练和综合演练等训练活动。应急救援演练要充分认识国内外安全形势的变化，积极联合各种应急救援力量，着眼应对国家重大突发事件发展的趋势，把握时代发展的脉搏，有计划地开展应急救援演练。

5.1.1 应急救援演练的定位与特点

应急救援演练是提高突发事件救援能力的一种主要训练形式与途径，为了实现这一目的就要对应急救援演练参与的力量、组织形式、任务等加以定位，并结合各应急救援力量的实际情况，通过应急救援演练来提高应急救援力量的实战能力。

5.1.1.1 应急救援演练的定位

应急救援演练应以满足应急救援实践工作的需要为最终检验标准，从实践中来看，应以国家应对重大突发事件威胁的需求进行准确的定位。为提高参与人员和救援队伍的整体救援能力，实现在救援应对行动中快速、有序、有效的救援效果，有计划地开展应急救援演练是其中一项重要的工作内容。掌握应急救援知识和技能是应急救援演练的基本功能，应急救援演练既需要学习救援理论知识，又需要学习救援技能，还需要通过多场景下的联合救援演练来提高救援力量的实际运用能力。应急救援演练是锻炼和提高军、地应急队伍在发生重大突发事件时快速抢险、及时营救受害人员、正确组织群众撤离、有效消除灾害后果、开展现场急救与伤员转送等应急救援综合素质的有效手段，也是应急救援行动成功的前提和保证。通过应急救援演练，可以了解和掌握一旦突发事件发生时应该做什么、能够做什么、如何去做以及如何协调各应急部门人员的工作等，演练还能发现应急救援预案的不足和缺陷，并在实践中加以完善和优化。各类应急救援知识是人们在实践中获得的认识和经验，其范围和内容很广，主要包括各类救援知识理论、行业专业技能、联合与协调演练等。应急救援的实践证明，军、地各类应急救援力量只有在掌握救援知识和技能的基础上才能完成各类救援任务，掌握救援知识和技能是应对各类突发事件救援的基本条件。

5.1.1.2　应急救援演练的特点

应急救援演练是系统工程，不同类型的突发事件需要采取不同的救援方法与方案，相同类型的突发事件也因为发生的规模、地域、社会环境等因素不同而需要采取不同的救援策略，救援活动由于其特定的联合演练的背景和各救援力量的特殊性，具有显著的特点。

① 参演力量多元。靠单一救援力量独立完成一项救援任务是很困难的，需要采取联合救援行动，发挥国家、区域救援的整体力量，才能顺利完成急、难、危、重等救援任务。2008 年汶川地震救援工作中，我国就联合地震、消防、安监、民政、国土、武警、军队等各类救援力量共同来完成。由此可知，应对重大突发事件的救援演练必然要求军、地各类救援力量联合演练，其参训力量的构成呈现出多元特点。各参与演练力量有着各自鲜明的特点，例如：地方应急力量具有不同管理部分、不同行业领域的差别；军队应急力量多以军种划分，简单明了，救援队伍整齐划一，指挥协调方便，特定专业救援能力强。应急救援演练就要克服不同救援力量的不足，发挥各自的优势，使各种救援力量紧紧围绕一个目标，协调有序开展救援演练，充分发挥联合行动的整体合力。

② 组织协调复杂。应对国家重大突发事件，组织协调复杂是应急救援演练的主要特点之一。各类突发事件起因的复杂性就决定了演练组织协调的复杂

性。突发事件起因包含自然因素、经济因素、社会因素等，有的突发事件是由多种因素相互交织引发的，很难加以区分。有时相同性质的突发事件可能由于不同因素组合促发，甚至会随着事态发展而发生新的变化，这就使得在应急救援演练中涉及的行业、部门要根据各个因素加以综合考虑，重点和难点就在于组织、指挥和协调各种不同的救援力量。应急救援演练是多系统、多行业、大范围的联合演练，这种联合演练不仅包括军队、武警、民兵等救援力量，还有地方政府、职能部门、行业专业力量、志愿人员等。由于各应急救援力量一般互无隶属关系，加之各方力量平时的训练水平、管理方式、队伍素质不同，从而组织协调复杂、难度大。应急救援演练必须要把握其呈现出的多维化、立体化、全局化和复杂化的特点，正确处理组训关系，加强各方力量的横向联系，充分发挥各自优势，有机地把各应急救援力量结合起来，才能高效完成应急救援演练任务。

③ 专业技术性强。有效应对各类突发事件救援需要不同行业领域的专业技术支持，从近年来应对重大突发事件的实践来看，现代救援技术的使用比以往应对手段更加有效和可靠。在情报获取方面，使用航空探测技术、遥感技术、红外技术等，能够有效了解各类事件现场的最新情况；在灾害救援方面，使用声呐探测技术、微波探测技术、体温定位技术、大型机械等，可延伸救援范围，快速定位受困人员；在救援指挥控制方面，使用 C4ISR 系统，把人工智能、现代通信、自动化控制、网络技术等融为一体，使指挥协调更加顺畅。因此，重大突发事件救援的专业技术性强已成为一个显著特点，这就要求在演练中提高智能化、专业化技术的比重，针对不同类型专业技术的需求，强化以专业技术为牵引的应急救援演练。需要注意的是，应急救援演练不是某一单项专业技术训练的简单叠加，而是为了提高联合力量的整体能力的综合训练，专业技术力量是为了更好地服务整体的救援行动，其演练目的是利用多元化的专业技术来实现联合体内要素的有机结合，进而提高国家应急救援的综合能力。

5.1.2　应急救援演练的地位与作用

应急救援演练如何把理论与实践相结合，更好地解决国家应对重大突发事件中的现实问题，需要明确救援演练在应急救援活动中的地位和作用。

5.1.2.1　应急救援演练的地位

应急救援演练是提高国家和各级地方政府应对各类风险挑战，保障社会安全稳定的重要环节。特别是随着社会的不断发展而逐步产生新的问题，要按照

"仗怎么打，兵就怎么练"这一指导原则谋划布局突发事件应急救援演练内容。我国幅员辽阔，自然条件复杂，社会经济发展不均衡，潜在的矛盾问题也不少，面临着不同类型的重大突发事件的威胁与挑战。因此，要充分考虑到突发事件对社会安全产生的严重威胁并进行有针对性的应急救援演练。

目前我国各类突发事件的应急预案体系已基本形成，没有经过培训和演练的任何预案都是没有生命力的，只有通过演练和实战才能使其成为应对突发事件的行动指南，实战是演练的靶标，演练是实战的预演，应急预案演练作为应急行动的预实践，有着不可替代的作用。只有通过不断演练来提高各类应急参与人员的防范意识和救援能力，只有熟悉和掌握应急预案准备、响应的程序和方法，才能有效面对未来发生的重大突发事件的挑战。

5.1.2.2 应急救援演练的作用

从应急救援培训与演练的基本情况看，通过应急演练，不但能够熟悉应急预案、应急救援组织与指挥，还能在演练中增进各类救援力量之间的相互了解和协作能力，为应急救援实战打下良好的基础。

① 演练应对重大突发事件的指挥协调程序。演练应急救援的组织、指挥与协调程序，是应急救援演练的核心内容。应对各类突发事件依靠严密的组织、指挥与协调程序来完成各项应急救援行动。应对重大突发事件，无论是地方政府组织的救援力量，还是军队、武警系统的应急力量，还是民间自发的救援力量，都要以整体行动来共同应对，这就要求在救援行动过程中要组织、指挥、协调不同救援力量来共同完成特定的救援任务，这些能力并不是一蹴而就的，而是需要通过平时的演练培训和实践磨合来实现的。

② 增进应对重大突发事件的相互了解和协作能力。应急救援演练涉及国家、地方、军队等多个领域，通过演练才能实现资源共享与整体行动，形成党、政、军、警、民等各类救援力量的整体合力，从而确保完成各类重大突发事件救援任务。由于各种应急救援力量行业不同、建制单位不同、专业性质不同、隶属关系不同，因而在实施联合救援行动中仅靠单一救援力量是不够的，需要各单位、各部门、各类专业力量有效的沟通协调与协作能力，如果平时没有通过演练相互了解和配合，就会造成不必要的混乱局面，从而影响救援效率。地方组织的救援力量通常在救援信息、资金、专业设备和综合保障等资源方面有优势，而军队具有力量集中、组织纪律性强等特点，这些都需要军、地各救援力量在平时的联合演练中积极沟通，协调好相互关系，做好救援行动任务分工与协作，从而形成优势互补，发挥整体应对效应。

5.2　应急救援演练的形式及手段

科学的应急救援演练形式，是实现应急救援演练的桥梁，是应对各类重大突发事件的可靠保证。演练内容作为应急救援演练的主体，要根据所在地域的实际情况有针对性地组织开展相关内容的演练，使演练内容能够覆盖当前所面临的主要突发事件类型。

5.2.1　应急救援演练的组织形式

应急救援演练的组织形式，是组织实施应急救援演练的形态与方式。演练的组织形式服务于应急救援演练的目的和内容，并受演练对象、演练环境和演练条件等因素的制约。应急救援演练的内容决定了演练的组织形式，同时演练的组织形式又反过来影响演练内容的有效落实。

5.2.1.1　逐级扩大联合演练的形式

应急救援演练参训单位多，对象复杂，协同性高，采用逐级扩大联合演练的形式有利于提高各级管理人员的指挥能力和应急力量联合行动能力。逐级扩大联合演练主要适用于联合基础培训和专业技能联合演练。应急救援联合基础培训要注重逐级递进，组织联合基础培训要在联合训练理论、主要救援策略、应急救援指挥、救援实战经验、典型救援案例、联合后勤保障等方面逐级开展，演练中要注意保证应急救援演练的连续性和完整性。应急救援专业技能联合演练，应根据演练目标选择相应的演练内容，突出演练重点，增强演练针对性，要根据不同专业技能逐次递进地提升救援能力。应急救援专业技能联合演练逐级扩大时，要由低到高、由易到难、由简到繁安排演练任务，使不同专业技能的演练内容相互衔接，以适应各类突发事件应对的需要。同时，应急救援联合逐级演练还要把握不同救援力量按建制逐步合成的演练方式。按建制进行联合演练有利于各方指挥人员熟悉部署，有利于各方的演练组织和演练管理。应急救援联合演练逐级扩大、逐级合成，形成联合救援的能力。

5.2.1.2　基地集中演练的形式

基地演练以其专业化程度高、配套设施齐全、与实战联系紧密的显著优势，为高质量的演练提供了有利条件。训练基地通常根据上级指示，结合国家应急救援联合演练计划和应对任务确定演练课题，成立专门机构制定演练方案，提供演习保障，以复杂、多变的情况，采取多种手段对各类应急救援力量进行演练，使其在紧张、激烈、复杂的演练环境中经受近似实战条件下的锻炼。通过这种组训形式能够真实地检验应急救援联合演练的实际效果，客观地反映演练与实践的差距，便于有针对性地解决演练中存在的问题，促进实战水平的提高。

利用基地集中演练，还可以采用多基地联合组训方式。多基地联合组训即由不同区域的基地，依托不同的场地设施，实施不同地形、不同课题的跨区演练，以增强对不同地形、不同应对环境的适应能力。通常采取的形式有：一是由代训基地统一组织实施，即基地统一计划、统一保障、统一教学、统一施训、统一考评；二是演练联合机构组织，基地提供保障，即根据演练联合机构统一安排，分批到基地驻训，由基地提供有关保障，这种方式可以提高基地的使用效率，解决演练场地设施不足的问题。

5.2.1.3 应急临战演练的形式

应急临战演练，是在有限时间内，围绕即将遂行的重大突发事件的救援任务而展开的有针对性的临战训练。应急临战演练是一种实用性的训练。应急临战演练任务紧迫、时间有限，具有很强的不确定性，训练进程随时可能被中断，是一种从属于应急需要的紧急性训练。应急临战演练，就是要根据可能发生的和正在发生的突发事件而进行的紧急应对训练，在训练内容上按应急需求强制性安排训练内容，训练目标是以完成特定紧急任务为标准，无论是内容安排还是训练实施，不仅比平时训练的自主性差，而且还更加紧迫。实施临战演练一般按照确定需求、制订计划、实施训练、组织验收的步骤进行，对一些难以在现地训练的课目可采取模拟训练的组织方法，按照先主后次的原则分层确定。由于应对各类灾害事件实施临战演练的时机、地区不同，参与力量面临的各种情况不同，再加上应急救援准备时间长短不一，所以要求临战演练必须灵活组训。当训练时间相对比较充足时，应尽可能按先基础后应用的原则，循序渐进地组织；当训练时间比较短或时间把握不准确时，则应打破常规，按照先主后次、先会后精的原则，突击急需课目、重点课目和薄弱环节的训练，然后再视可用时间的多少进行其他救援内容的训练。应急临战演练是缩短训练与实战差距、加强应急救援应对准备的重要途径。

5.2.2 应急救援演练的一般手段

现代科学技术的发展与应用，为应急救援演练提供了先进的技术支持，改变了传统的演练手段，先进的演练手段已逐步成为应对各类突发事件救援能力的增长点，应急救援演练手段是提升应急救援能力的关键环节。

5.2.2.1 利用装备和器材演练

利用装备和器材演练，是指利用不同救援力量编制内的应急救援器材、机械、车辆、装具等进行的演练，是应急救援演练的最基本手段。利用器材和装备演练主要包括应用各类大型工程机械装备、特种作业车辆、侦察器材、通信器材、破障器材、渡河器材、探测仪、液压钳、切割机、夹钳等救援器材，有利于受训者熟悉应急装备和器材的使用方法和性能，使演练与应急救援形成一体，在人与装备的有机结合中提高受训者的技术水平和应急救援能力。

5.2.2.2 利用案例与想定作业

利用案例作业是一种训练的模式，它是在长期的演练教育过程中逐步形成的，它能让培训者参与"教"与"学"的全过程，不但能够引导培训者研练（研究与练习），还能使培训者学会独立思考、分析，提高解决问题的实践能力。案例作业通常将选择的一系列案例按照不同的训练目的和内容，遵照由简单到复杂、由理论到实践、由单项到综合的顺序划分为不同训练单元，其基本程序一般分为案例学习、案例分析、案例讲解和案例作业四个环节。

想定作业是通过设想的作战情况演练战役、战斗组织指挥的一种训练方法。应急救援想定作业则是依照想定所提供的应急救援场景而进行作业的一种应急救援演练模式，它是应急救援演练的重要环节，也是检验和深化应急救援理论、提高应急救援能力的一种有效方法。想定作业的形式有多种，按作业方式的不同分为集团作业和编组作业，按作业条件的不同分为现地作业、沙盘作业、图上作业、兵棋作业和网上作业等，如图5-1所示。

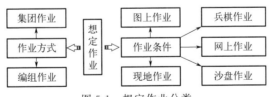

图 5-1 想定作业分类

现地作业是在现地按设想的作战情况和要求研练组织指挥的作业，一般按照提示理论、宣布或显示情况、研练问题和小结讲评等步骤实施，重点研练分析判断情况、定下决心、战斗指挥和协同动作，作业时逐段研练或连贯研练，有时有重点地反复研练，强调研究与练习相结合。沙盘作业是在按照一定比例制作的地形模型上研练组织指挥的作业，这种作业形象直观，近似实地，不受地形、气候、季节等影响，可节省人力、物力，适用于指挥员、机关和院校的战役战术训练，有时也用于研究和熟悉作战方案，但沙盘难以显示细部地形，有些内容的演练因此会受到一定影响。图上作业是在专用地图上按设想的应急救援演练情况和要求研练组织指挥的作业，可在较大范围内构成情况，并可通观演练地区的全貌，不受作业地幅大小的限制，简便易行。兵棋作业是以队标、队号和模型为棋子在沙盘或图上按设想的演练情况和要求研练组织指挥的作业。网上作业是依托、运用计算机网络系统和技术，按设想的演练情况和要求研练组织指挥的作业，这种作业具有组织方式活、训练课题新、组训难度大、受训面积广、训练保障省、训练评估科学规范的特点，是发展普及的重要训练手段。

想定作业通常按作业准备、作业实施和总结讲评三个步骤进行。作业准备主要包括宣布作业题目、目的、训练问题、时间、方法和要求，介绍地形方位、战术方位，进行必要的理论提示和复习。作业实施按先宣布情况，后了解任务、判断情况、定下决心、实施指挥的程序进行。总结讲评包括分析各种演练救援方案的利弊，肯定演练成效，同时需要指出存在的问题和今后建设方向。

5.2.2.3 利用网络技术演练

面对各类突发事件的挑战，充分利用现代网络技术进行演练，是应急救援演练的重要手段之一。利用网络技术进行应急救援演练，是指依托计算机网络和网络技术实施的应急救援演练。具体讲，就是以连接训练网络的计算机终端、媒体设备、分布交互式模拟系统、装备等组成演练平台，以演练文件、电教片、多媒体课件和演练想定、演练总结、教案、演练数据等训练资源信息库为网络资源，通过网络资源的有序运行，使受训者达成演练目的。在应急救援基础演练阶段，受训者可利用网络信息资源，查阅相关资料、展开网上交流、进入网上课堂、进行网上模拟演练等；在应对处置阶段，可利用网络组织网上单项和综合演习。同时，利用信息网络系统还可以进行演练监督和管理，通过网络信息管理系统可对各级演练计划、登记统计资料实施高效管理，可随机对应急救援演练计划的落实情况进行检查，及时纠正演练中存在的问题。利用网络技术手段进行应急救援演练，主要包括网上远程教学、网上作业、网上演练、网上考核。通过网络，可以实现跨地域、跨行业、跨部门的软硬件对接和组合，促成各类应急救援演练信息资源的有序流动和信息资源的共享，提高应急救援演练资源的利用效率。

5.2.2.4 利用模拟技术演练

运用模拟技术手段的演练即模拟训练或仿真训练，从广义上讲，它是提高演练效益的一种有效方式。模拟技术手段的主要特点：模拟逼真，形象直观；不受地形、天候限制；操作容易，安全可靠；可减少装备磨损，节约油料，节省经费；可增大演练情况的复杂程度，解决实兵实装演练难以解决的问题。模拟技术手段是一个由简单模拟向复杂模拟、由静态模拟向动态模拟发展的渐进过程。在模拟技术手段发展过程中相继出现的沙盘模拟、实兵模拟、计算机作战模拟等几种形式，既有先后又有交叉，它们不是一种形式对另外一种形式的代替，而是后一种形式对前一种形式的完善和补充。运用模拟技术手段进行演练，主要是运用计算机及仿真设备、器材，模仿救援装备性能、应对环境等内容，通常可分为三类。第一类是技术演练模拟。它主要是使用技术演练模拟系统对受训者的操作和协同技能进行演练，典型的技术演练模拟系统就是各类演练模拟器，例如各类器材装备使用与操作模拟器等。通过演练，使受训者能够根据不同的岗位获得和提高操作、控制装备器材的能力，获得处置分析故障的能力，使受训者能够熟练掌握各项作业技能。第二类是指挥演练模拟。它主要是运用指挥演练模拟系统对指挥人员进行指挥决策的演练，通过作业、决策、协同等不同方式，在模拟的情况下演练和检验指挥机关的指挥能力。指挥演练模拟的最大好处就是能增强应急救援演练的真实程度，有效提高演练的规模和质量。第三类是辅助决策演练模拟。它主要是运用辅助决策训练模拟系统进行突发事件结果预测和应对方案的选优，辅助指挥人员决策，提高决策的有效性、科学性。辅助决策演练模拟主要用于对各级救援指挥人员、决策者的演练，能够使其了解决策环境，掌握决策方法，学会在复杂的救援行动中分析问题之间的相互关系，并做出正确的决策。

5.3 应急救援演练的内容与实施步骤

应急救援演练的内容是为完成演练任务而规定的训练课目或演练课题，同时应急救援演练也是一项基础性、全局性工程，必须科学统筹，按照有效提高应急救援能力建设、有利各应急救援力量健康发展的目标统筹演练内容设置。各类突发灾害事件的威胁是不断更新变化的，一方面由于威胁的变化而引起应对样式的更新，另一方面科学技术的发展会促成应对手段的创新。因此，构建应急救援演练内容体系，必须紧跟形势发展，不断加强针对新知识、新技能、新装备的训练，不断更新各个专业领域的演练内容，为有效组织应急救援演练提供依据。

5.3.1 应急救援演练主要内容

当前重大突发事件应急救援演练面临训练任务多样、内容复杂的新形势，要求演练内容既要考虑内容的广度，还要具有较强的针对性，这在演练内容的设计理念上，就要把基于能力和基于任务的各类救援演练内容设置全面，创建适用性强、覆盖面广的应急救援演练内容，按照突出应用性和联合协作的要求开展应急救援演练，主要内容如图 5-2 所示。

图 5-2　应急救援演练主要内容

5.3.1.1 通用基础学习

应急救援通用基础学习是指对执行应对各类突发事件相关的基本知识的训练。其目的是使执行应急救援任务的各类应急救援力量具备共同的素质能力，掌握救援装备与器材的操作使用方法，互通的基本训练是开展更高层次联合演练的基础。加强应急救援通用基本知识的学习是应急救援演练的基础内容，通用基础学习应从思想观念、认识上对应急救援工作有一个基本了解，从而增强认同感、责任感和紧迫感，为后续救援训练做好思想上的准备。通用基础学习内容主要包括：第一，基础理论学习。学习各种救援方式的特点、背景形态、指导思想、基本原则和掌握相关基础常识，学习各种自然灾害和事故灾害的成因和影响等。第二，应急救援联合指挥理论学习。应急救援联合指挥理论是应急救援联合演练的重要基础知识，主要内容包括应急救援联合指挥主要特点和规律、应急救援联合指挥程序与方法、应急救援联合指挥系统的使用等。第三，基本政策法规学习。应急救援基本政策法规学习主要学习直接运用于应急救援联合演练的相关法律法规等内容，使各类各级应急救援力量在执行救援任务时做到有理、有利、有节，做到依法依规有序开展救援活动。

5.3.1.2 基本技能训练

应急救援涉及专业技术繁多，只有打牢基本技能基础，才能最大限度地发挥人与救援装备在行动中的应有作用。基本技能训练通常是在通用基础学习之后进行的，训练内容具有由浅入深、技术性强和标准严格等特点，是应急救援演练的重要组成部分。基本技能训练的目的主要是提高受训者的专业技术素质，实现人与救援装备的有机结合，充分发挥应急救援装备的技术性能，增强应急救援的能力。基本技能训练内容主要包括：第一，操作技能训练。在熟练操作通用装备、器材的基础上突出不同类型应急救援专用装备的基本操作和使用练习等，重点是抓好工程装备、防生化装备，以及航管、运输、卫勤等专业力量的训练。第二，专业应急技能训练。主要是定向爆破、海上搜救、固定滑坡、排除管涌等专业性技能，重点是要抓好各类专业应急力量的训练，使其训练成果能在应用中转化为救援的实战能力。第三，其他特殊技能训练。执行应急救援任务时还需要具备一些特殊技能，例如：应对媒体与舆论的能力，用以强化公众意识，引导社会舆论，掌握舆论的话语权；军、民之间的沟通技能，用以在执行任务时保持良好的军民协作关系等。

5.3.1.3 专项技能训练

应急救援专项技能训练内容设置是在通用基础学习和基本技能训练的基础上进行的。应急救援专项技能训练在内容设置上要加强对重点问题的演练，主要包括：第一，灾情侦察训练。灾情侦察主要是围绕各类突发事件的应急救援信息展开的侦察活动，只有掌握情报信息才能迅速、全面、准确地了解应急救援区域的不同发展态势，具体内容包括构建灾情侦察网络体系，联合灾情侦察任务分工、手段、协作，情报信息的获取与传输，联合灾情侦察数据的分发与共享，联合灾情侦察网络的安全防护等。第二，应急救援通信联络训练。它是在应急救援中实现各类救援力量、不同区域之间的联通联动，搭建训练基本信息支撑平台，组织相关通信人员进行的专项训练。通信联络训练主要由各种通信设备、计算机网络、数据链等组成，是应急救援信息传输、交换和共享的必要手段。第三，应急救援投送训练。它是为提高应急救援投送能力而对各类应急力量进行投送知识、投送技能和组织投送指挥能力的学习与演练活动。应急救援投送训练具有组织实施复杂，投送方式多样，对场地、装备、设施依赖性强等特点。应急救援投送训练按输送方式分为铁路、公路、水路和航空等投送训练，主要包括输送组织指挥训练、装（卸）载技能训练、输送勤务训练等内容。第四，应急救援搜救训练。它是应对重大突发事件救援中实施的一种应急救援训练，目的是使救援力量了解、掌握搜救的方法及组织实施，具体内容包括地面联合搜救、海上联合搜救和空中联合搜救，训练主要围绕目标搜索、搜救技术、人员救治等内容展开。第五，应急救援保障训练。它是指为强化多方联合应急救援保障的能力和提高救援物资保障水平而进行的训练活动，主要内容包括通用物资保障、通用器材保障、通用技术保障等。

5.3.1.4 联合救援演习

联合救援演习是各类应急救援力量提升应急救援能力的重要环节和高级形式，它的目的是提高救援力量的综合应对能力。联合救援演习是在联合救援行动的背景下，按照不同的救援任务和设置内容进行集中训练与演练。联合救援演习要紧紧围绕救援任务中需要多种救援力量协作完成的任务或内容，特别是其中急难险重的救援任务。其中军地联合救援演习是军地救援力量在预防和处置各类突发事件、减轻和消除灾害造成的后果、保护国家安全稳定和人民生命财产等方面开展的相关训练，它的目的是加强军地应急救援训练和提高军地联合救援能力，主要内容有救援遇险群众、抢救重要物资、医疗救护和消除次生衍生灾害等。

5.3.2 应急救援演练实施步骤

应急救援演练的实施步骤，是为了完成应急救援任务而采取的教与练的方式与途径。根据应急救援演练的不同内容有重点地阐述其训练的实施方法和步骤，运用正确的训练实施方法，有利于应急救援演练任务的顺利展开与完成。

5.3.2.1 通用基础学习实施步骤

应急救援通用基础学习是联合训练的初始阶段，是一项以未来应急救援联合行动为背景的基础性训练，是在未来救援行动实践中需要掌握的与联合救援行动直接相关的理论知识。应急救援通用基础学习内容繁多、结构复杂，涉及学科门类广泛，与其他训练内容相比，理论知识内涵抽象，缺乏可操作性，学习内容可视性较差等。针对以上特点，组训者应注意以下方法。第一是自学体会。自学体会是指受训对象在工作实践中结合自身岗位、具体内容和实践开展的自主学习和研究的方法。通常有两种形式：一种是在上级指定的范围内选学，即在上级明确的时间和内容范围内自行选学相关理论知识；另一种是随机地选学，即根据个人理论水平、实际工作需要和兴趣爱好，自主确定理论学习研究内容。运用自学体会法时，要尽量跟踪应急救援的前沿知识，拓展自学范围，多了解与联合救援相关的知识。上级训练主管部门要及时跟踪受训人员的自学情况，制定自学目标管理办法，定期组织检查、交流和评比。第二是集中讲授。集中讲授是指将受训对象集中组织起来共同讲授相关理论知识的方法。通过集中讲授可以提高教学的覆盖面，使更多的受训对象在较短的时间内获取更多的知识，节省大量教学训练资源。通常利用大专院校或相对集中的场所组织，主要是通过统筹调整教学资源，由精通应急救援的相关领导、专家、教授按教学计划组织讲授。第三是组织讨论。组织讨论是在组训者的指导下对学习训练中的某一问题、观点进行分析、讨论、交换意见的学习方法。组织者要在讨论前围绕学习的重难点内容确定讨论的主题，尤其要把可能发生的重大突发事件作为研讨的重要内容。第四是案例研究。案例研究是在组训者的指导下对学习中的重点案例进行分析、研讨和交换意见的学习方法。通过对案例的对比研究可以较为直观地找到学习中的参照对象，并从以往经验中查找不足和总结应对措施。组织案例研究一般按照案例介绍、分析讨论和总结讲评等步骤进行。案例研究对活跃受训人员的学术思想、加深对应急救援基础知识的理解、提升受训者的思维和表达能力都具有重要意义。

5.3.2.2 基本技能训练实施步骤

应急救援基本技能训练实施步骤，是指组训者组织受训对象练习某种专业技能的训练过程和方法，是各类应急救援力量为了更好地处置突发事件，针对救援装备的操作使用和维修保养技能而进行的训练。技能训练是构成救援能力的重要因素。技能训练一般按照理论讲解、示范演示、操作练习、检查验收、小结讲评等步骤进行。第一是理论讲解。理论讲解是对技能训练课目从理论上给受训人员进行讲解阐述，必要时可以讲做结合。理论讲解中要讲明救援装备器材的组成、工作原理、技术性能、使用程序及安全事项等，使受训人员掌握基本的概念、原理、操作规程、基本要求等，让受训者对技能装备器材操作有一个总体上的认识和把握。理论讲解通常在实际操作训练前进行。第二是示范演示。示范演示是示范教学人员结合装备器材对操作技能进行动作示范和演示的过程。示范演示的方法一般分为分解示范演示、连贯示范演示、综合示范演示等。分解示范演示是按先后顺序分成若干内容或动作进行的示范演示。连贯示范演示是进行完整内容或动作的示范演示。综合示范演示是采取多种方法和手段对训练内容进行的系统演示。第三是操作练习。应急救援技能操作练习是在示范演示后结合救援装备器材进行的实际练习。操作练习的方法通常有模仿练习、体会练习、编组练习、集体练习等，无论采取何种方法，都应本着由简到繁、循序渐进的原则进行，在组织操作练习时应积极运用先进科技手段和训练资源，提高科技训练的成分和含量，才能有效提高应急救援技能训练质量。第四是检查验收。检查验收是对应急救援技能训练质量的检验、考查和评估，是确保技能训练质量的重要环节。通过检查验收，掌握训练进展情况，查找训练中存在的问题及其产生原因。检查验收可安排在每个训练内容之后或其他适当时机进行。第五是小结讲评。小结讲评是组训人员对训练情况进行回顾，宣布训练成绩，总结经验，查找问题，提出加强和改进训练措施。一般也可以让受训者对自己的受训情况进行小结讲评，有利于后续培训内容的完善和提高救援组训的质量。

5.3.2.3　专项技能训练实施步骤

专项技能训练是在基本技能训练的基础上开展的，是应急救援体系内跨技术领域的相关专业的集成训练，是将具有相同应对力量和相同救援功能的训练对象归类整合在一起，通过某一行动的演练形式使其内部聚合，形成系统应对和保障能力，实现同类救援行动的互联和互通，为今后应急救援联合演习奠定基础。

专项技能训练实施是检验、改进应急救援行动某一项内容的重要环节，是指按照应急救援行动内容要求分别组织实施的训练，各项行动训练一般独立进行，互不产生影响。通常按照宣布情况、组织训练、训练结束等步骤进行。第一是宣布情况。救援组织机构在行动训练开始前检查训练人员就位和场地设置、物资器材的准备情况。然后宣布训练提要，主要包括演练课目、目的、条件、内容、时间、地点、方法、要求等。行动训练开始后，领导机构通常以口述、网上或直接发送文字材料等形式向受训者宣布情况，指导受训者按要求开始训练，训练过程中通常以命令、指示、通报、报告等文书的形式适时向受训者传达补充训练内容和要求，指导训练顺利实施。第二是组织训练。应急救援行动训练应根据救援行动内容的难易程度采取分段训练或综合训练两种方式。分段训练是对训练过程中的重、难点内容进行反复推演，直到达到训练目标为止；综合训练是对救援行动内容进行的连贯推演，实现对救援任务的全流程训练的目的。救援组织机构要随时跟踪、了解训练进程，分析评估训练中存在的问题，适时给受训者提供补充训练内容和要求来不断提高训练的质量。当训练出现较大偏差、无法继续进行时，组织机构可暂停训练来研究后续训练方案，或重新组织训练。第三是训练结束。应急救援行动训练结束时，组织机构应发出明确的训练结束信号，各参与训练实体有序撤离训练区域，并组织清理训练现场等善后工作。

5.3.2.4　联合救援演习实施步骤

联合救援演习是生成、提高和检验应急救援能力的最高形式，涉及的参与人员多、演练内容广、持续时间长、要求标准高，具有范围广、强度高、难度大、综合性强等突出特点。联合救援演习实施是指从演习开始到演习结束的整个演练过程，是组织机构和参演各救援力量共同实施的所有指挥、协调、行动等应急救援演练活动的总和。

联合救援演习的实施是应急救援训练的高级阶段，也是提高救援行动能力的重要形式。组织联合救援演习通常采取以少带多的形式，但应满足指挥机构完整、演练要素完备的基本要求。演习实施过程应按照昼夜连续实施方式进行，组织机构按照演习方案和实施计划适时下达演习场景，各参演单位或个人从接到号令开始至应急救援行动结束，按照实际组织指挥与行动，组织机构应随时发现问题，及时发布新的调令和方案。第一是组织行动阶段。组织机构指挥人员在演练过程中可分别以上级或友邻的身份，采用通报、号令、命令、指示等多种形式，按应急救援行动的时间发展顺序，逐次为各参演人员了解任务、判断情况、定下决心提供条件。指挥人员等应认真检查演练各级参演人员了解任务、判断情况是否准确，决心是否符合客观实际情况，指挥与协同是否周密，行动、技术、装备保障是否到位，只要能使演习进行下去，通常不应进行干预。当参演人员向下级明确演练任务时，指挥人员应检查其下达的任务内容是否全面、层次是否清楚、方法是否正确、任务是否明确，还要关注实施行动是否迅速、是否符合要求。第二是行动实施阶段。行动实施阶段是演习中最复杂多变的阶段，一般要求指挥人员对参演人员开展的救援行动不直接进行干预，可以根据演习态势发展的实际，通过必要的调令和作业方案来指导救援行动。即指挥人员以参演人员的处置决心和应急救援力量的实际行动为依据，随机设置下一个情况的演练条件，并以多种方式提供给参演人员，指导其进行后续演练。第三是演习结束。演习结束是指参演救援力量按照演练进程或指挥机构要求完成所有演习内容至离开演习场所的过程，是演习的收尾阶段。参演人员按照结束命令撤出演习区域，组织人员、车辆、救援装备有序地撤离演习场地，组织清理演习现场，做好善后工作，并做好救援演习总结的各项准备。

5.4　应急救援保障概述

应急救援保障是为完成应急救援任务而采取的各种保障性措施及相应的活动。应急救援保障通常是以国家综合国力为基础，建立完善的联合救援保障体系，充分发挥人力、物资、装备等资源优势，充分利用各救援力量的优势，增强应急救援保障能力，提高应急救援保障效益。应急救援保障不是某一地区、部门或某个组织单一救援力量的保障，它是国家应对各类突发事件保障资源的总和。应急救援保障的建设，必须着眼应急救援大局，把应急救援保障放在国家应急救援管理与建设全局中来运筹，以救援需求为牵引，以科学技术为依托，把应急救援的保障工作统筹好，把各个方面的保障力量协调好。

5.4.1 应急救援保障的定位与特点

应急救援行动是以非战争军事行动为主，但却不是偏处一隅的局部问题，而是带有战略性的全局问题，涉及众多领域。应急救援具有很强的突发性、复杂性、多样性、专业性和技术性等特点，必须准确把握应急救援保障的定位与特点，为应急救援行动奠定坚实的基础。

5.4.1.1 应急救援保障的定位

应急救援保障是应急救援管理部门筹划和运用人力、物力、财力，从物资、技术、医疗、运输等方面保障应急救援行动的一项重要活动。应急救援行动任务往往是临时下达，迅即展开，要求速度快，机动任务重，以急难险重为特征，短时间内人力、物力、财力的投入都很大，对保障工作的要求高。应急救援行动参与救援力量类型多，过程曲折复杂，协同要求高，保障难度大。应急救援保障要适时跟进、及时保障，建立与应急救援行动相适应的快速反应的体制、机制和保障体系，全面提高整体应急救援保障能力。

5.4.1.2 应急救援保障的特点

应急救援保障要随时满足在不同地域、不同条件、不同场景下的救援需要，时间要求紧迫，任务繁重艰巨。应急救援保障主要有以下几个特点，如图 5-3 所示。

图 5-3 应急救援保障的特点

① 准备时间紧迫。突发事件往往事发突然，时间、地点、性质等因素不确定，规模、趋势难以预测，导致保障对象、保障时机、保障方式的随机性增大。保障随着救援行动而展开，必须在短时间内完成方案修订、装备检修、物

资补充等工作，可用于准备的时间非常短暂，有时甚至是边行动、边准备、边保障。特别是在应对突如其来的地震、泥石流、特大森林火灾、洪涝、雨雪冰冻等自然灾害时，灾情十万火急，救援刻不容缓，对保障的快速反应能力要求特别高。

② 保障任务繁重。应急救援保障对于跨区域遂行应急救援行动时显得尤为突出，有时需要动用成千上万的救援人员，需要跨越多个省（市），行程可达数千公里，有时需昼夜兼程、翻山越岭、全员全装长途奔袭。大范围、长距离、多力量跟进保障困难多、压力大，很多保障工作都是在陌生地域展开，任务十分繁重。由于事发地域的地理环境、经济、社会、文化条件等差异，对应急救援保障的要求和重点也各不相同，同时还要面临正在发生的突发事件的直接危险，这都大大增加了救援保障的难度。

③ 协同配合复杂。应急救援行动通常需要各类救援力量、各种救援装备参与救援行动，在统一指挥的前提下还需要各参与救援力量之间的密切协同配合。各救援单位既要服从救援领导机构的统一调度，又需要按照部门内部的任务要求开展行动；既要协调好内部各救援力量的关系，还要主动争取友邻单位的支援，关系多层交织，协同保障难度大。

④ 物资筹措困难。应急救援行动中除了常见的基本生活物资等保障外，还需要筹措大量与遂行任务相适应的专用物资装备，一般任务区域的物资装备储备往往有限，需要跨区域筹措或紧急组织生产，既要保证"拉得出、供得上、救得下"，又要保证"吃得饱、住得下、医得了"，保障常常面临满足遂行任务需要与满足生活需要的双重压力，特别是时间紧迫，这就更加导致物资筹措工作难上加难。

⑤ 保障形式多样。应急救援行动既有城区处置，也有偏远地域行动；既有大部队集中驻防，也有小分队分散突击；既有直接参与救灾，也有协同管控重建。各类救援任务的保障环境、保障时间、保障需求的不确定性造成保障行动事前设计困难，因而保障必须依据现场情势，因时、因地、因情制宜，灵活地组织实施。

5.4.2 应急救援保障的地位与作用

应急救援保障很大程度决定着应急救援行动是否能够顺利完成救援任务，因此具有十分重要的地位和作用。从某种意义上来讲，应急救援保障工作已经从救援任务的后台走到了救援工作的前台，由传统的配角变成了行动的主角。

5.4.2.1 应急救援保障的地位

应急救援行动都是在一定物质资源基础上展开的行动，应急救援保障是形成救援能力的重要物质基础。没有应急救援保障，一切救援行动就无从谈起。一般认为常规的军事战争就是以国家综合实力为基础的各种保障能力的较量，对于重大突发事件的应急救援能力而言，也是一个国家综合保障实力的体现。例如 2023 年土耳其大地震救援中，由于叙利亚等国经济落后、物质基础条件差，单靠当地政府组织实施的救援保障远远不够，造成了大量受害人员的伤亡和无家可归。由此可知，救援行动能够有条不紊地开展，得益于先进、配套的技术装备保障，得益于源源不断的、雄厚充实的物资保障。从这个意义上说，应急救援任务能否顺利完成取决于是否有强有力的应急救援保障。

5.4.2.2 应急救援保障的作用

应急救援保障在应急救援行动中发挥着重要的作用，应急救援物资供应是生成和维系救援能力的重要物质条件。救援人员参加救援行动，必须为他们提供衣食住行等最基本的生活保障。如果基本的生活物资都得不到保障和满足，就会影响救援人员的能力发挥，可以说有无充足、及时的物资供应是有无救援能力的一个重要标志。应急救援保障还包括救援装备保障，先进的专业救援装备是科学、高效完成救援任务的重要物质基础，只有及时、充分地提供各类现代化的救援装备保障，才能最大程度地发挥应急救援的效能。

5.5 应急救援保障的类型和方式

应急救援任务能否顺利完成不仅取决于是否有正确的指挥，还取决于是否有强有力的保障。因此，明确应急救援保障类型和方式有助于更好地发挥保障效能，具体保障类型和方式如图 5-4 所示，这为应急救援行动和后续灾后重建打下重要基础。

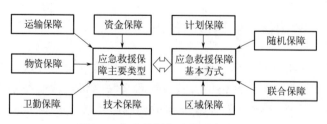

图 5-4 应急救援保障类型与方式

5.5.1　应急救援保障的主要类型

应急救援保障的类型主要分为资金保障、物资保障、技术保障、运输保障和卫勤保障等。

5.5.1.1　资金保障

资金保障，主要是为完成应急救援任务提供可靠的经费支持。根据应急救援力量的编制和具体任务的经费需求，各级政府管理部门提前做好经费预算和规划，根据应急救援实际需要及时领拨经费，做好经费调度，并科学地进行经费划分和使用监督。资金保障可由保障部门和主管人员负责，也可由遂行救援任务的专职人员负责。

5.5.1.2　物资保障

物资保障，是应急救援保障的主要内容，通常可分为三大类。一是人员消耗物资，包括各种给养、被装、医药等。这些物资保障关系到参与救援人员在艰苦条件下能否保持充沛体力及旺盛精力的问题，是物资保障的重点。二是救援装备器材，包括各种救援器械、各类作业工具、大型施工机械及必要的防护器材，这是提高救援行动效率的重要物质保证。三是装备消耗物资，包括油料、车辆和机械备件、器械耗材等，装备消耗物资是应急救援保持持久战斗力的必要条件。

5.5.1.3　技术保障

技术保障，是指为保证救援力量所使用的救援设备处于良好状态而采取的技术相关措施。技术保障的内容相当广泛，一般可分为检查、保养、维修、管理等内容，其实质就是对受损装备及时维修使之处于良好状态。从某种意义上讲，良好的技术保障决定着保障的效果，在遂行应急救援任务时必须在思想上重视技术保障问题，无论救援行动规模大小，都应把技术保障摆在重要位置，并指定专人负责。

5.5.1.4　运输保障

运输保障，是指为保障应急救援力量遂行救援任务，对救援人员、物资的投送与转移。运输保障与物资保障、技术保障、卫勤保障等有着密切的联系，是应急救援保障的重要组成部分，主要类型有陆运、水运和空运三种方式，主要内容是投送救援人员、物资、装备、器材，转移受灾人员，疏散周边群众等。应急救援运输保障应根据救援任务需求及交通情况等周密地组织实施。

5.5.1.5　卫勤保障

卫勤保障，是指为保证救援人员及受灾群众身体健康、维持救援地区良好卫生状况而采取的一系列卫生救护措施。其主要任务是对救援行动中的伤病人员组织现场救护，开设救援医疗点，对危重伤病员进行紧急救治，组织伤病员后送转移。对于公共卫生事件开展卫生侦察和检疫工作，针对疫情采取积极的防治措施，减小人员发病率，协同有关部门实施灾区现场消毒等工作。

5.5.2　应急救援保障的基本方式

在应急救援保障条件有限的情况下，为了更好地提高救援保障效果，应灵活采取计划保障、随机保障、区域保障和联合保障等多种方式。

5.5.2.1　计划保障

计划保障，是依据预先拟定的应急救援保障方案实施救援保障的一种方式，也是最基本的应急救援保障方式之一。这种保障方式具有很强的目的性、明显的阶段性和较好的稳定性，有利于应急救援保障有目的、有组织、有步骤地协调进行。实施计划保障要把握以下几点。一是需求预测，即对应急救援保障所需内容、指标等进行分析、判断与预测。预测是计划前的准备工作，征求救援人员对保障的意见与建议，结合救援任务进行周密的思考和计算，为制订应急救援保障计划准备物资。需求预测应周密细致、实事求是、合理适度，既不能概略估算，更不能随意扩大。二是拟制计划，这是实现应急救援保障目标的具体内容和措施，通常由各级联合救援组织机构结合救援任务的实际情况拟制救援保障计划。拟制救援保障计划应明确保障的目的、指导思想、内容、方法、指标、基本措施等内容，要注意保障计划的整体性、准确性和稳定性。三是执行计划，是按保障计划和标准发放救援器材，提供装备、技术、车辆、油料等保障物资，以使应急救援顺利实施。要及时反馈救援保障信息，总结经验教训，不断提高应急救援保障计划的执行效率。四是过程控制，要按照保障计划要求检查、纠正执行过程中的救援保障偏差问题。保障计划在实施中往往会有意想不到的情况发生，使救援保障结果与计划要求出现偏差，要及时发现问题，做出适当调整，使其适应不断变化的新情况。

5.5.2.2　随机保障

随机保障，是指依据救援保障对象的临时需要而采取的保障方式，具有较强的应变性和适应性，可有效地缓解和解决各种实际出现的救援保障急需。应急救援保障是一个复杂的动态系统，尽管可以根据救援任务预先制订保障计划，但救援过程中仍会因出现许多偶发因素而不得不调整或改变保障计划，随机保障就是计划保障的必要补充。随机保障通常在下列情况下实施：一是救援任务改变时。计划保障是以既定的救援任务为前提，救援任务的改变必然导致保障计划的相应变化。二是计划保障中断时。一旦出现计划内救援保障中断的意外情况，就必须及时采取补救措施，进行随机保障。三是计划保障不当时。应急救援活动往往比预想的更复杂多变，救援保障计划有时可能会与救援实际存在较大偏差，只有及时根据实际情况的变化进行适时的调整，才能适应应急救援的需要。随机保障带有一定的被动性，这就要求应全程紧密跟踪救援的新情况，力争提前发现问题，及时采取措施，从被动应对转为主动调整适应。

5.5.2.3　区域保障

区域保障，是由事发地所在政府及区域内的救援力量共同建立的协调保障方式，主要用于就近就地调集人员、筹措救援物资和救援装备的保障。区域保障有利于打破区域内救援物资条块分割、自成体系的做法，实现应急救援物资共享，提高应急救援保障效益。运用区域保障方法，应建立区域保障运行机制，尤其应制定相关的保障制度，确定最为有力的保障方式，以保证应急救援保障活动的顺利进行。

5.5.2.4　联合保障

联合保障，是各类救援力量共同参与，以整体合力实施应急救援保障的方式。联合保障具有保障力量大，保障能力强，在时间、空间上能充分利用人力、物力、财力等实现资源共享，有效提高应急救援保障效益等特点。联合保障必须加强各类救援力量的协调，需要各类救援组织提供相应的保障资源，克服保障过程中的种种困难，需要及时与提供保障资源的相关单位进行沟通协调，做好保障解释工作。

5.6　应急救援保障资源

应急救援行动参与的救援力量多样、救援区域分散、装备器材交叉，这都给应急救援保障提出了更高的要求，高效快速地完成应急救援任务需要强有力的救援物资保障。救援任务的顺利完成需要有一个整体保障的观念，实行全社会的共同保障，有效地整合各类应急救援保障资源实现联合保障，对于保障应急救援力量快速集结、转运和展开救援行动，完成急难险重等救援任务都具有极其重要的作用。

5.6.1 应急救援保障资源挖掘

应急救援任务要求救援力量能在第一时间到达救援现场，所需的各类救援物资、大型装备也能随即跟进到达，但往往由于救援区域交通等基础设施破坏严重而使得物资保障困难重重。这就要求挖掘应急救援保障的潜能、整合所有可利用的救援资源。

5.6.1.1 挖掘各方资源，拓宽保障范围

应急救援所需要的各类物资、器材、装备等都离不开物资部门、财政部门、卫生部门、救援单位等有关方面的支持和支援，挖掘各方可利用的资源供给、补充和支援应急救援行动是救援保障的主要来源渠道，应与各个相关单位加强联系，及时争取得到支持与帮助。需要注意的是，救援力量到达的救援区域都是受灾严重的地方，不能完全依赖当地政府提供的救援资源，各个救援力量要积极争取周边或其他地方的保障资源，要提前做好计划安排，多方多区域筹措，以满足应急救援对各种保障资源的需求。

5.6.1.2 依托当地政府，就地筹措物资

依托当地政府，就地筹措物资，是指在应急救援的当地筹措各类救援物资，实施应急救援保障。特别是大型救援设备与器械，往往投送困难、周期较长，而应急救援又必须与时间赛跑，时间就是生命。因此在应急救援中应优先考虑依托当地政府，就地筹措各类救援器材、装备、车辆、油料等物资，当地筹措可以减少运输投送环节，既节省经费开支，又能保证及时供应。

5.6.1.3 依靠社会力量，广泛筹措物资

依靠社会力量，广泛筹措物资，是世界各国的普遍做法。依靠社会力量，一方面可以获得更多的支持和帮助，另一方面可以获得更多的救援资源，提高应急救援处置效率、降低救援成本。例如2008年汶川地震，中国乡村发展基金会、中国青少年发展基金会等社会公益组织发起"中国民间组织参与汶川地震救灾行动联合声明"，呼吁发挥民间组织力量，各尽所能，出资出力，共同支援灾区，关注灾后重建，协助政府做好抗震救灾工作。在全球化时代，在面对重大突发灾害事件挑战时，每个国家都可以通过社会各界的共同努力加以应对，包括国与国之间、国家与国际组织之间、国家与社会各界之间的救灾合作。

5.6.2　应急救援保障资源利用

科学合理地配置和利用已有各类应急救援资源，是高效完成应急救援任务的基础，也是有效破解制约应急救援保障瓶颈问题的策略之一。因此需要从应急救援战略发展的角度去审视应急救援资源如何开发与利用的问题，要实现救援保障资源利用的最大化，就需要把握好统筹与兼顾、集约与分散、共享与独享的关系问题。

5.6.2.1　统筹与兼顾利用好保障资源

统筹与兼顾是实现应急救援保障资源效能最大化的前提。现实中很多参与应急救援的部门掌握了各自所需的救援资源，不同部门、行业根据隶属关系与自身的实际需求进行独立建设，长此以往就容易形成自我封闭式的保障体系，形成条块分割自成体系的救援保障格局，不利于充分利用社会整体救援资源与救援能力。近些年在应对重大突发事件的救援实践中得出结论：应急救援资源保障必须要举全国之力，在应急救援保障上应把军、地各类资源统筹起来，才能形成应急救援的整体合力。即从应急救援的实际出发，综合考虑各类救援任务、各个救援环节的实战需求，赋予不同专业领域的救援队伍或机构不同的救援职能，实现有救援力量施救、有专业装备可用、有救援设施可训的目标。这种从综合应急救援整体需求的角度出发开展的统筹建设将有利于应急救援资源的保障与利用，既能实现应急救援资源的统筹，又能兼顾不同类型救援任务的保障，使不同行业的救援力量都能够发挥各自优势，最终实现应急救援人才资源、信息资源和物资资源保障的共享与通用。

5.6.2.2　集约与分散利用好保障资源

集约与分散是一对既对立又统一的矛盾体，集约是指运用先进的理念和科学的方法提高救援资源的使用效率，分散则是把有限的救援资源根据不同用途进行合理分配使用。这就需要解决如何通过合理改造挖掘、优化重组、拓展功能等途径来实现救援资源保障效能最大化的问题，主要解决途径有：一是合并，就是将布局范围较小且救援保障功能相同的组织或机构进行合并，整合成为规模较大、可开展多种应急救援保障任务的实体，以解决条块分割、小规模低层次重复建设与布局不科学的问题。二是转型，就是对一些重复建设的应急救援保障内容进行重组，赋予其新的保障功能，以解决同一区域内重复同一用途资源保障的问题，这样不但能够解决重复建设和资源浪费的问题，还能充分利用和挖掘资源潜能，更好地为应急救援工作提供保障服务。三是拓展，就是把军队、地方等各处的救援资源共享使用，根据各自不同的需求合理规划、优势互补，以解决应急救援资源在同一地域分散使用的问题，使有限的应急救援保障资源发挥出更大的作用。

5.6.2.3 共享与独享利用好保障资源

在应急救援资源保障中，实现资源共享是发挥救援资源最大效能、减轻社会整体负担的最终目标，也是未来应急救援保障的必然要求。从以往来看，军、地双方的应急救援资源保障都是根据自身实际需求各自建设与使用，形成了应急救援资源的独享利用体系，这种独享利用体系尽管有利于高效应对系统内的风险挑战，但从整个国家、整个社会角度来看，对于可共享的救援资源就存在重复建设的问题。而当面临一些特别重大突发事件时，独立应对就存在能力不够、准备不足的问题，这就需要开展军民融合，实现救援资源共建共享，只有这样才能完成重大突发灾害事件的应急救援任务。

应急救援保障资源的利用，必须服务服从于国家应急救援的大局，根据不同类型的突发事件和应急救援条件灵活选用、综合考虑多种救援资源保障渠道，以便为应急救援提供适时、适地、适量的各类救援资源保障，同时还要最大限度地节约保障资源，提高救援保障效率。应对国家重大突发事件救援不能仅仅依靠某个单一救援力量来完成，需要全社会的救援资源整体联动、形成合力，才能做到应急救援保障资源的科学、合理与高效利用。

思考题

1. 应急救援演练的主要形式有哪些？基本步骤包括哪些？
2. 应急救援演练的主要内容有哪些？具体实施过程中有哪些注意事项？
3. 应急救援保障的主要类型有哪些？应急救援保障的主要资源包括哪些？

第六章

应急救援评估与能力建设

本章提要

  本章主要介绍应急救援评估的对象、内容、程序和方法，应急救援能力建设的需求、要素、重点内容和要求等，重点掌握应急救援评估内容、方法和应急救援能力建设的主要内容。

  应急救援评估，是在应急救援过程中对各项救援活动进行的定性或定量分析，从而对应急救援各个环节做出科学评价与鉴定，并根据评估结果对具体救援活动过程进行调整，以实现应急救援的全过程优化。应急救援评估作为应急救援过程的一部分，是救援工作不可缺少的重要环节，是反馈应急救援情况、优化联合救援过程、提高救援质量的重要保证。

6.1 应急救援评估的意义和作用

  应急救援评估的目的是更好地发挥各种应急救援力量的效能，进而提高应急救援整体效率。应急救援评估有助于了解各应急救援力量的建设情况，掌握应急救援力量的实际救援能力，识别出亟待解决的问题，进而不断提高应急救援组织的专业化水平。因此，只有正确认识应急救援评估的意义和作用，才能有效提高应急救援的质量。

6.1.1 应急救援评估的意义

  应急救援评估对于提高各类突发事件救援效率有着重要的意义，具体体现在以下几个方面。

6.1.1.1 应急救援评估为应急救援行动提供决策支持

应急救援评估是制定和实施科学的应急救援行动的重要基础。应急救援评估包括：当地防灾减灾的自救互救能力评估，突发灾害事件本身的风险评估，应急救援行动参与人员的演练与实战能力评估。应急救援行动的过程是调配大量的救援人员、物资的过程，要达到救援人员、物资的科学配置需要把握各个救援环节的关键要素，开展应急救援评估能够获得比较可靠的第一手数据资料，可为救援指挥机构提供决策支持。

6.1.1.2 应急救援评估为应急救援行动提供智力保障

只有对突发事件救援演化过程中的各个阶段、各个方面进行全方位的评估，优化相关的管理措施，才能科学有效地进行救援，达到人、财、物的合理配置。通过应急救援评估，得到针对突发事件的风险评估结果，从而确定救援行动时的重点目标、关键环节和危险情景。使用应急救援评估在事前可以得知高风险点和可能发生的高风险事件，提高救援行动的防护能力；在事中能够迅速判断出可靠的安全避难场所，提高救援队伍的保障能力；在事后可以优选出恢复重建的地域和实施方案，提高灾区恢复建设的效率。

6.1.1.3 应急救援评估为应急救援训练提供检验标准

各类救援队伍的应急救援行动的训练由于各自所承担的主要救援任务的不同而具有多样化，想要提高应急救援行动的日常训练和实战演练能力与水平，都需要对救援训练开展评估工作。一方面查找训练过程中哪些环节、哪些受训对象、哪些训练内容和训练方法不利于训练质量的提高，有利于后续训练时有针对性地进行调整和优化；另一方面可以查找既有的救援训练优势，使训练过程中已存在的好方法、好思路及时得到保持和弘扬，促进训练质量的稳步提高。

6.1.2 应急救援评估的作用

应急救援评估对于应急救援实践工作而言，主要具有检验作用、指导作用、反馈作用和纠偏作用，具体如图 6-1 所示。

① 检验作用。应急救援评估的过程，就是不断估量应急救援水平、能力

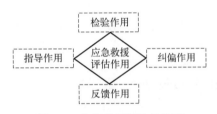

图 6-1 应急救援评估的作用

与保障等救援行动质量的过程，这种评估的过程本身就是一个判断和检验的过程。通过应急救援评估可以从多个方面检验和衡量应急救援的实际效果，考查应急救援队伍具有的能力、特长和潜力，并对应急救援行动各个环节进行检验。

② 指导作用。应急救援评估工作可以用来指导后续救援训练和实战救援行动，即通过评估指标、评估标准、指标权重及分析评估结果得出正确的评估结论和建议，从而引导应急救援在正确的方向上持续进行，以救援评估所获的经验教训来指导救援实践行动。

③ 反馈作用。通过对应急救援成功经验或失败教训的评估，可以及时将救援相关信息反馈给各类参与救援人员，进而提高救援行动效率。反馈作用主要体现在能够为各类应急救援力量提供必要的参考信息，有利于调整和改进救援方法和优化救援措施，提高实战救援质量。

④ 纠偏作用。通过分析应急救援的阶段性评估结果，可以及时发现应急救援系统运转过程中存在的一些问题，并针对可能存在的具体问题，明确下一步调控的对象，修改救援方案，调整救援方法与手段等，把握应急救援正确的发展方向。

6.2　应急救援评估的对象与内容

明确应急救援评估的对象和内容是开展应急救援评估的前提条件，只有合理确定应急救援行动的具体对象和内容，才能获得可靠的评估结果和建议。

6.2.1　应急救援评估的对象

应急救援评估的对象是由应急救援评估的目的和任务决定的，其目的和任务就是通过对影响应急救援能力的各个要素进行科学评估，在总结与分析评估结果的基础上找出救援中存在的具体问题，为提高实际的救援能力和救援效果提供重要参考。这就决定了应急救援评估的对象是与应急救援能力相关的所有因素，这些因素包括应急救援对象、应急救援力量、应急救援技术与方法以及应急救援环境等四个要素，如图 6-2 所示。这四个要素相互作用，共同构成了影响应急救援能力的要素集合，从理论和逻辑上讲，应急救援评估的主要对象应是上述四个构成要素。

6.2.1.1　应急救援对象

应急救援对象是应急救援评估的首要对象，主要包括受到突发事件威胁的

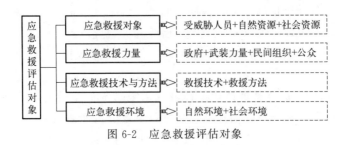

图 6-2　应急救援评估对象

人员、自然资源和社会资源。其中人员主要是指受害的群众和参与救援的人员，自然资源主要包括农业资源、森林资源、矿产资源、水资源等，社会资源主要包括社会生产工具、社会生活设施等。应急救援对象的多样性就决定了应急救援评估的对象涵盖了人类社会和自然界所有范围。为了更好地进行应急救援评估，就必须掌握应急救援对象的特点规律，以确保对应急救援进行科学准确的评估。应急救援对象的评估可以分为：生命体承灾抗灾能力的评估、自然资源成灾条件与影响的评估、社会资源成灾条件与影响的评估。

6.2.1.2　应急救援力量

应急救援力量是应急救援评估的重要对象，主要包括政府、武装力量、民间组织和公众。政府在应急救援过程中发挥领导作用，它通过指挥协调各方救援力量、调配各类资源来组织救援实施，政府救援能力的强弱直接关系到救援行动的全局。武装力量由于具有很强的组织性、纪律性和战斗力，通常在完成急难险重的救援任务中扮演着重要角色，发挥着关键作用。民间组织是救援力量的主要组成部分，例如红十字国际委员会等具有丰富的救援实战经验，在应急救援中发挥了不可替代的作用。公众是应急救援行动的重要参与者，部分公众既是突发事件的直接受害者，也可能是最先发现者和参与者，公众能够利用应急救援知识和技能开展自救和互救行动，很多时候填补了专业救援力量到达前的救援真空，为救援行动提供了宝贵的协助。应急救援力量的评估可以分为：救援机构组织协调能力的评估、救援队伍行动协同能力的评估、救援人员个体救援能力的评估和救援装备性能的评估等。

6.2.1.3　应急救援技术与方法

应急救援技术与方法是应急救援评估的核心对象，包括各类突发事件的救援技术和救援中所用到的各种救援方法。救援技术是关于救援装备的规则体系，评估的目的是提高救援装备的有效性与可靠性。救援方法是救援人员在救援过程中各种行动的关联方式，涉及救援行动的每个部分和各个环节。在应急救援中，不同的突发事件类型、不同的救援对象、不同的救援力量涉及不同的救援技术与方法。应急救援技术与方法的评估可以分为：救援技术针对性、实用性的评估，救援方法可行性、有效性的评估等。

6.2.1.4　应急救援环境

应急救援环境是应急救援评估的基础对象，主要包括突发事件发生后的自然环境和社会环境。自然环境主要包括：事发区域的大气环境、水环境、土壤环境、地质环境、生物环境等。社会环境主要包括：事发区域的政治环境、经济环境、人文环境、社会基础设施环境等。任何救援行动都是在一定的救援环境中进行的，它是一切应急救援行动的基础，对救援行动的影响是直接而显著的。应急救援环境的评估主要包括：突发事件发生后自然环境和社会环境基本状态的评估、发展状态的评估和稳定状态的评估等。

6.2.2　应急救援评估的内容

应急救援行动是一个动态、复杂的过程，对救援过程及其救援效果的影响因素也很多，对于复杂、动态演变过程的评估而言，可能每次评估的具体结果都不尽相同。但从应急救援总体来看，无论是什么样式的应急救援行动，其评估的内容都应包括突发事件风险评估、救援行动方案评估、救援效果评估和救援演练质量评估等，即救援前的准备评估、救援中的处置评估和救援后的效果评估。

6.2.2.1　应急救援准备评估

应急救援准备工作的好坏直接影响应急救援处置的效率，有效的应急救援准备评估是成功救援行动的前提。应急救援准备评估的主体主要包括：突发事件的影响范围、突发事件的等级、突发事件的人员伤亡与疏散安置、救援力量的投入、救援人员的能力、救援物资装备的投入和可能影响救援的各类因素与风险等。对应急救援准备工作进行及时、真实、有效的评估是应急救援行动的基础。突发事件救援准备评估还要特别注意：无论救援准备评估多么充分，在实际救援过程中都可能随时会出现其他意想不到的新情况，这就要求应急救援准备评估应尽可能地收集与救援相关的所有信息，为科学开展救援准备工作和后续应急救援处置工作做好准备。

6.2.2.2　应急救援处置评估

应急救援处置评估包括对救援方案、救援具体行动和各个救援阶段等内容的评估。救援方案是指救援组织机构关于达成救援目标的途径和方法的基本构想，是救援行动具体实施的基本依据。救援方案评估就是根据已掌握的突发事件基本情况对各种备选救援方案进行评选，优选或拟定实施所采用救援方案的过程。救援方案评估结果直接关系到救援行动是否能够顺利进行、救援任务能否圆满完成和救援行动是否安全高效。救援方案评估包括：救援方案目的评估、救援方案内容方法评估、具体救援行动和各个救援阶段的评估等。救援处置评估要实时掌握救援处置中各个阶段、各个环节的数据信息，评估数据的采集要及时准确，否则就会直接影响评估的准确性与可信性，违背了评估工作的初衷。

6.2.2.3　应急救援效果评估

应急救援效果，是指救援行动所获得的实际结果，是衡量救援行动完成情况的客观标准。救援效果评估就是对救援行动所达到的实际结果与救援方案所预期的结果进行比较、分析与总结的过程。救援效果评估分为阶段性评估和终结性评估：阶段性评估是对救援行动过程中的某个阶段进行评估，目的是通过评估来检验、调整、优化救援方案确保救援任务的顺利完成；终结性评估是对救援行动结束后的救援效果进行评估，目的是通过评估来对救援行动及救援方案进行分析与总结，用来指导同类救援方案制定和救援行动实施。救援效果评估包括：对救援对象的救援效果评估、救援方案实施的效果评估、救援力量指挥与行动的效果评估等。

6.3　应急救援评估的基本程序与方法

应急救援评估是一项严谨细致的系统工程，必须严格按照规定的程序与方法才能最大限度地提高评估工作的质量，才能更好地为应急救援行动提供决策依据。

6.3.1　应急救援评估的基本程序

应急救援评估与应急救援行动是密切结合的一个连续过程，不同的评估人员对不同评估对象的具体评估过程可能存在差别，但总体上是按照评估准备、评估实施和评估总结的程序进行的，具体如图 6-3 所示。

6.3.1.1　评估准备

评估准备主要包括：明确评估主体、统一评估思想、区分评估任务、选定

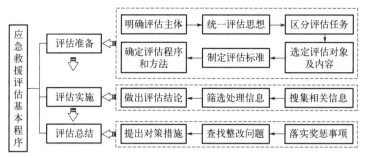

图 6-3　应急救援评估基本程序

评估对象及内容、制定评估标准、确定评估程序和方法。

① 明确评估主体。评估主体是实际执行应急救援评估工作的人员。评估主体通常由上级应急救援组织或相关业务部门指派，在条件允许时，应尽可能根据需要单独成立评估工作组，评估工作组人员要尽量由资深的应急救援相关领导和专家组成，确保评估工作组成员既有精通救援组织领导和联合救援行动的专家，也有精通应急救援相关专业领域的专家，还有精通定性、定量评估方法的专家等。此外，评估主体还要有公正、负责的品质，确保能客观、准确地反映救援评估的实际情况。

② 统一评估思想。只有思想统一，才能做到行动统一。明确应急救援评估的目的，统一评估主体的评估思想是评估工作的出发点。在组织评估之前，应当进行专题教育，确保所有参加评估人员都能在思想上明确"为什么要进行评估""利用评估结果来解决或说明什么问题"等，只有这些问题明确了才能够统一参加评估人员的思想与行动，激发评估主体的自觉性和积极性，使评估活动更好地为提高应急救援能力服务。

③ 区分评估任务。评估任务是评估主体需要负责的具体评估工作。负责评估工作的人员在区分评估任务时，要做到准确、细致，使所有参加评估人员都能清楚评估对象是什么、评估内容是什么、在什么时间和地点进行评估、评估时能提供什么样的保障条件、评估总体工作安排和具体工作完成时间、评估工作质量的具体要求等，以确保应急救援评估工作能将任务指标细化到个人，提高应急救援评估的质量。

④ 选定评估对象及内容。通常由于评估时间、评估主体人员等诸多因素的限制，不可能对所有应急救援评估对象进行全面评估，需要根据实际情况有针对性地加以选择，确定具体评估对象。一般而言，应重点包括对直接影响救援行动能力的救援环境、救援力量、救援方案的评估。评估内容是根据评估对象设置的，确定评估内容时应与救援行动目标相一致，与评估对象的薄弱环节

相对应,与应急救援行动和演练的重点、难点、疑点相适应。

⑤ 制定评估标准。评估标准是应急救援评估主体开展评估工作的实施准则和依据。评估标准是有效开展评估工作的首要条件,是获得科学、合理评估结果的前提,各类评估人员应高度重视评估标准的制定工作。评估标准通常依据评估内容的类别及特点确定,实际操作时应根据评估的具体任务,熟悉并细化应急救援评估的标准,以便提高评估工作的可操作性和公平性。评估标准在采用时,如果上级评估机构已制定相应的评估标准,则主要依据上级的标准进行评估,本级可根据需要进行一些细化和量化;若上级未颁发相应标准,自行制定评估标准时,需要事先征求相关领域机构和专家的意见,经共同讨论确认后方可正式实施使用。

⑥ 确定评估程序和方法。评估程序和方法是影响应急救援评估质量的重要因素,只有采取了科学合理的评估程序和方法,才能提高评估工作的效率,更好地达成评估目的。因此开展应急救援评估准备时需要合理选定评估程序和方法,通常情况下评估程序应按照评估实施计划和实际的应急救援行动进程分步实施,由于评估方法多种多样,既有单项评估也有综合评估,既有定量评估也有定性评估,既有计划评估也有随机评估,既有模拟演练评估也有实兵实装评估,这就要求应根据评估指标的性质和标准进行灵活选定。

6.3.1.2 评估实施

评估实施,主要包括搜集相关信息、筛选处理信息、做出评估结论等工作。

① 搜集相关信息。搜集评估相关信息,是得到评估结论的前提。搜集的信息源越多,所获得的信息量就越大,其可靠性也越高,因此应尽量多途径、多手段地搜集与评估对象有关的各种应急救援信息。这些信息主要来自评估对象本身、与评估对象相关的信息源。评估主体搜集相关信息时,要注重实地调查研究,亲自参与和观察应急救援行动、查阅各种应急救援资料、组织有关人员座谈,并采取表格记录、录音录像等各种手段,尽可能保证搜集信息的全面性、真实性和及时性。

例如,对于安全生产类应急救援评估来说,评估组向事故单位和事发地政府部门收集的资料包括但不限于:事故的基本情况,主要包括事故单位概况、人员伤亡情况、财产损失情况、事故初步原因等;事发地各级政府及相关部门、事故单位的应急预案及演练情况;事发地各级政府及相关部门、事故单位的风险评估、培训教育情况;事故单位信息报送、应急响应、救援工作总结;事发地各级政府及相关部门信息接报、应急响应、救援工作总结;有关应急救援队伍信息接报、应急响应、救援工作总结；应急救援现场指挥部人员构成、分工、组织指挥体系，救援方案制定及执行，现场管理，信息发布与舆情管控等情况；后期处置及防控环境影响措施的执行情况；其他应急救援力量及救援物资装备情况。

② 筛选处理信息。评估相关信息作为原始信息，量大而且庞杂，要从中得到有用的信息，必须根据评估标准和内容的需要进行必要的筛选。信息筛选需要应用多种评估方法与手段，要充分运用统计学、计算机技术等现代化的分析处理方法。在筛选处理搜集到的信息时，既要不漏掉有价值的信息，又要保证信息的时效性，随时进行必要的核查。

③ 做出评估结论。在处理搜集信息的基础上，对照应急救援评估相关标准科学地做出评估结论，即全面分析、判定评估对象在实际应急救援过程中的表现与预定救援目标和效果的符合程度，找出评估对象的优缺点。在做出评估结论时，要重点查找评估对象的薄弱环节，并给出具体的、可行的意见与建议，要确保客观准确反映评估对象的实际情况，不能掺杂个人感情因素，确保评估结果的公平性。

6.3.1.3　评估总结

评估结果出来并不表示评估主体工作的结束，为了更好地发挥评估所起到的效果，还应进行必要的评估总结。通过总结对评估中表现比较突出的人与事进行表彰，对消极落后的人与事进行处罚，对暴露出来的问题要拿出切实可行的整改措施，并限期改正。组织评估总结时，要切实加大奖惩的力度，将应急救援责任与各级政府、组织机构和参与人员的考核挂钩，要及时向上级汇报评估结果，为上级应急救援领导机构决策提供依据，要坚持面对面总结，使所有评估对象清楚自身的问题，切实促进救援水平的整体提高。

6.3.2　应急救援评估的基本方法

评估方法是体现评估职能的具体手段，评估工作能否落实到位，很大程度上取决于评估方法是否科学合理。应急救援评估具有救援力量多元、行动多样、组织复杂等特点，选择正确的方法对应急救援效果进行评估，对保证评估结果的科学准确性具有十分重要的意义。从以往应急救援评估实践情况来看，单一的评估方法难以得出客观的评估结果，必须把多种方法结合起来，相互对比印证，以确保所得评估结论真实可靠。

① 汇总与考察法。汇总与考察法是指突发事件发生后，将事发地上报的信息、数据与专家实地考察的数据相结合，做出评估的方法。这种方法不是单

纯依靠上报的数据而做出最终评价，而是要结合经验丰富专家的实地考察，综合灾情信息，得出正确的结论，评估才能可靠、真实和准确。

② 案例对比法。案例对比法是利用历史上发生过的突发事件及其处置方法的数据信息进行对比而做出评估的方法。这种方法的重点是对比救援处置的方法，其中数据对比一般只做参考，因为不同时期的突发事件数据差异较大。例如我国云南鲁甸地震牛栏江红石岩堰塞湖就是采取与汶川地震唐家山堰塞湖案例对比的方法，进行了成功的评估与处置。

③ 人机结合法。计算机评估是利用计算机技术模拟真实突发事件的发生发展，通过录入突发事件的各种参数信息，对突发事件所形成的损失进行模拟评估。一般而言，计算机模拟不能完全代替人的思维，例如对于一些无法用数据进行评估的还要结合人工方式来进行评估，对于一些不能量化的因素，比如救援指挥能力、救援行动作风等，这些评估内容还需要人工进行评判。只有采取计算机评估与人工评估相结合的方法，才能比较全面地反映应急救援的实际情况，才能提高应急救援评估的质量。

6.4 应急救援能力建设的内涵

为了提高应对各类突发灾害事件的处置能力，人类需要不断提高自身的应急救援能力建设，从理论角度来看需要不断地完善和拓展应急救援能力建设的内涵，这是做好应急救援工作要解决的基本理论问题。准确领会应急救援能力的科学内涵，关系到理论研究能否继续深化、救援实践活动能力是否得到不断提高。把握应急救援能力的理论根源，要从能力的基本概念入手。

6.4.1 应急救援能力

能力一词最初产生主要是针对个体人而言，它的依据是人在征服自然和改造自然中的作用，随着人类社会的发展，人已经不再是单独意义上存在的一个事物，由此能力的内涵也拓展到人所在的各种各样的组织和团体之中。能力是指完成一定活动的本领，包括完成一定活动的具体方式以及顺利完成一定活动所必需的心理特征。能力概念内涵拓展到应急救援领域，应急救援能力的概念也就由此派生而来。

一个国家抵御威胁的能力越强，这个国家就越安全；反之，则越不安全。应急救援能力具有组织性这一最基本的属性，这是由救援的社会价值所决定的，是救援能力区别于其他各种社会能力的根本所在。救援能力作为一种社会能力，同样遵循社会能力发展的一般规律。一是具有鲜明的时代特性。救援能力作为客观存在，自人类社会产生就已存在，并伴随人类社会实践活动而不断发展，不同时期特定的社会关系和生产力形成了人类对抗击灾害能力的不同认识，任何时期的救援能力都带有不同时期的鲜明印记。二是新的需求不断引发能力扩展。救援能力的强大与否，不以物质数量来衡量，也不以人的精神力量来衡量，而是要看救援能力能否满足国家救援的需要，能否满足国家利益的需要。国家利益不是静止不变的，而是随着人类文明的发展而不断产生新的利益需求，因此救援能力的内涵也在不断发展与延伸。

综上所述可以认为：应急救援能力就是应急救援力量执行救援行动的实际本领，是救援力量的基本素质的外在表现。提高应对各类突发灾害事件的能力，就需要加强应急救援能力建设，国家应急救援能力的建设关系到全国人民的福祉，关系到国家长治久安的重大战略。

6.4.2　应急救援能力建设

要做好应急救援能力建设，就需要理解和掌握应急救援能力建设的对象与内容。任何能力建设都离不开人、物两个基本要素。其中人的要素是影响能力建设的决定性要素，也是最活跃的要素，具有其他要素无可替代的作用；物的要素是能力建设的物质基础，在能力建设中具有极其重要的作用，在某些时候还能发挥决定性的作用。应急救援能力建设同样离不开以上两个要素。人的要素是多方面的集合体，主要涵盖两个方面：一是人的基本行为素质，包括思维、判断、反应、意志等，为了巩固和进一步提高这些素质，需要进行基本的教育、培训等。二是特定的救援技能，包括体能、技术等，这些技能的获得必须通过专业的教育培训。物的要素在救援能力建设中主要是指救援装备和专业器材，在应急救援能力建设中还特指一些先进的救援技术，如抗洪抢险技术，抗震救灾技术和适用于救援的工程、通信等技术。

综上所述可以认为：应急救援能力建设，就是指国家和救援力量为了形成执行应急救援任务的实际本领，而展开的对各种能力建设要素的建造、制造、设立、培养的活动过程。因此应急救援能力建设必须强调建设整体性和系统性，从建设过程看，救援能力建设涉及诸多领域和活动，是一项复杂的系统工程，绝不是增加数量和提高质量的简单过程，更是一个整合与融合的过程，要依靠各级各类救援力量、机构、组织和个体的共同努力，才能做好应急救援能力建设。

6.5　应急救援能力建设的需求及要素

应急救援能力建设需求分析是开展应急救援能力建设的起点。全面、合理的需求分析，是确定应急救援能力建设目标的重要依据，也是确保能力建设沿着正确方向发展的必然要求。

6.5.1　应急救援能力建设需求

需求是指由实际需要而产生的要求，应急救援能力建设需求就是为了有效完成应急救援任务而产生的要求。应急救援能力建设，必须满足救援行动的实践需要，并以此作为最终能力建设的检验标准。从应急救援能力建设的实践来看，能力需要可分为快速反应能力、力量投送能力、联合救援能力和专业保障能力，这些应急救援能力是有效完成应急救援任务的出发点和基本要求。

6.5.1.1　快速反应能力

各类突发灾害事件的发生通常没有先兆，而且威胁来源不确定，发生时间具有随机性，因此具有突发性这个显著特点。一旦突发事件发生，就需要救援力量第一时间到达事发地开展应急处置，需要在第一时间了解掌握突发事件的情况，判明突发事件的性质，做出及时正确的处置，有效控制事态发展，这些都需要救援行动具有快速反应的能力。救援力量应对各类突发事件能否具有快速反应能力，不仅是行动程序上的要求，还直接关系到受害人员的生命健康、物资财产安全和事态能否得到有效控制等，因此救援力量要在第一时间对各种事态做出反应，必须具备快速反应的能力。

强大的快速反应能力能挽救更多受害人员的生命。"救人"是应急救援的首要目的，而时间就是生命，效率决定成败，"救人"的第一要务就是要在第一时间赶赴事发现场开展救援搜救行动，一旦错过黄金救援时间，就会带来更严重的后果。例如2008年的汶川地震发生后，情况万分紧急，救灾队伍早一分钟到达，受灾群众就多一份希望、少一份损失，国家地震灾害紧急救援队仅用40分钟就完成了队员的抽调、装备的补充，迅即赶赴都江堰展开救援，从出发地到救援现场2000多公里，用时不到6小时。正是因为如此迅速的反应速度，使救援队充分利用了72小时的救援黄金时间，大大增加了对受灾人员的救援机会。

6.5.1.2 力量投送能力

救援力量的投送是开展应急救援任务的先决条件，一支训练有素、装备精良的救援力量如果不能按时投送到达灾害现场，就无从谈起开展应急救援行动。力量投送是一支救援力量综合救援能力的重要标志，加强力量投送能力建设是实现高效能救援行动的要求，是推进救援能力建设的重要内容。从应急救援的实践来看，无论是执行什么类型的救援任务，一般都需要跨区域投送救援力量、转移受害人员、输送救援物资，这也是执行所有应急救援的基本前提，力量投送能力不强就不可能顺利完成救援任务。

一般而言，重大突发自然灾害救援对救援力量投送能力的要求更加突出，例如 2008 年初的雨雪冰冻灾害中，受灾地区的铁路、公路大面积处于瘫痪、半瘫痪状态，严重制约了救灾物资的运送和受灾人员的转移。空中运输成为主要的投送方式，为救援行动顺利完成发挥了关键性作用。因此应急救援投送应具备陆、海、空多种运输手段和综合运用途径，能够实施全天候的跨区域救援力量投送。

6.5.1.3 联合救援能力

应对重大突发灾害应急救援，仅靠某一支救援力量是很难完成任务的，应急救援必须综合各类救援力量和资源，采取联合救援行动。一般而言，执行任何一项应急救援行动任务都有可能与其他救援力量共同实施救援行动，应急救援能力建设只有满足联合救援这一基本要求，才能保证应急救援行动的顺利实施。

在执行重大突发事件应急救援过程中，军队与政府行政部门的联合行动是最常见、最基本的形式，通常是政府行政部门牵头下的军地联合指挥和实施救援行动。例如 2008 年因汶川地震成立的抗震救灾指挥部，由省委省政府牵头，所在战区有关救灾部队参与指挥。在救援行动中，各救援部队与四川省等地方抗震救援队联合行动，及时疏散被困群众，解救幸存者；战区防化、医疗部队与地方医疗机构联合行动，对灾区进行全方位的疫情控制；战区工程、通信部队与地方电力、道路、建筑等专业队伍联合行动，迅速展开灾后重建工作。

6.5.1.4 专业保障能力

应急救援保障是指为了达成救援目的，各参与救援的组织机构所采取的保证性措施和行动。应急救援行动对象的复杂性和行动样式的多样性，决定了其保障的复杂性、专业性和时效性。从行动层面来看，既有救灾性保障，又有援助性保障；从保障的地域来看，既有区域内保障，又有跨区域保障；从具体保障内容来看，既有实物保障，又有技术保障。各种救援保障都有其各自的特点和差异，导致了对救援物资、器材、装备、技术等方面的不同要求。

应急救援保障不能仅仅依靠救援力量自身的保障能力，更要依托国家整体交通运输保障资源，如铁路、公路、水运、民航等。由于应急救援环境比较复杂，还需要当地政府提供如公安、民政、通信等救援保障支持；此外，应急救援保障涉及范围较广，例如要为受灾群众提供饮食、衣物、医疗、住宿等基本生活保障，还涉及救援设备的保养、维护、供应、抢修、后送等。这些保障需求都对应急救援保障能力提出了更高的要求。

6.5.2　应急救援能力建设要素

应急救援能力和能力建设之间是一种需求和满足的关系，要形成救援能力就需要进行能力建设，要开展能力建设就需要对能力需求进行分解与剖析，对形成救援能力的各种需求进一步细化，使其能够直接体现在不同的建设要素上，使能力建设更具有针对性和全面性。

救援能力构成要素分析是对救援能力进行分解和剖析的有效方法。认识和归纳应急救援能力的构成要素，需要遵循以下原则：一是内在性，即构成要素要存在于救援能力之中，是救援能力的固有成分，而不应是一些外部因素所构成的能力要素。二是必要性，即每一个能力构成要素都必须是组成救援能力必不可少的基本因素。三是概括性，每一种能力的构成要素都有复杂的层次性，需要对其进行分门别类的概括，形成条理性。四是普遍性，能力构成要素分析要尽量体现通用性，尽可能挑选符合各种类型救援任务的普遍因素。结合应急救援实践能力需求分析，获得了应急救援工作的能力需求构成要素，结果如图 6-4 所示。

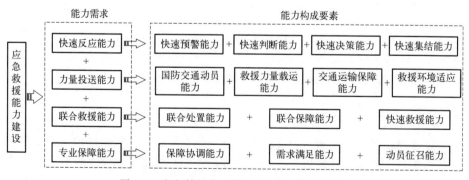

图 6-4　应急救援能力建设需求及其构成要素

6.5.2.1 快速反应能力的构成要素分析

快速反应能力是指在应急救援的各个行动阶段能够根据任务或情况的变化迅速采取相应行动的能力。快速反应能力由多种构成要素组成，从思想观念到指挥决策、从指挥机关到救援力量、从救援行动到救援保障，整个救援链条的各个环节都与快速反应密切相关。

① 快速预警能力。各级救援组织应随时做好对各类突发事件的预警工作，通过可靠的侦察预警，发挥人力侦察与技术侦察的优势，力争在第一时间搜集到可靠的预警信息，或在第一时间得到所在地政府、其他机构关于突发事件情况的准确通报。

② 快速判断能力。各级救援组织的情报分析部门应根据掌握的实时情报，迅速组织相关技术人员，结合以往救援经验，借助情况判断系统，迅速对突发事件威胁程度、影响范围、救援情况、救援行动能力和救援处置方法等做出判断。

③ 快速决策能力。各级救援组织指挥人员应根据掌握的实时情报和事态情况基本判断，根据上级指挥机关的意图，结合救援力量的特点与实际救援能力，迅速做出科学的救援决策，为救援行动指明方向。

④ 快速集结能力。各级救援组织在接到救援任务后，需要按照各自救援任务与分工，在最短时间内做好人员编组、集结，救援装备、器材的检修和物资筹措等工作，做到一声令下就能迅速出发。

6.5.2.2 力量投送能力的构成要素分析

力量投送能力是指综合运用陆运、水运、空运等运输方式，对救援人员和救援装备物资实施快速、远程、多方式机动运输的能力。力量投送是一个复杂的交通组织过程，其能力来源于国家或当地的综合交通运输实力，建设过程涉及军队、区域和地方等多重构成要素，力量投送能力取决于国防交通动员、救援力量载运、交通运输保障等多个方面。

① 国防交通动员能力。任何救援力量都无法独自承担大型运载工具及交通网络的建设任务，国防交通资源必然也是救援力量投送不可或缺的重要组成部分。在执行救援任务时，要充分依靠国防交通资源，根据救援任务需要迅速启动动员机制，征召各种军、民用救援装备，按照军、地协同救援方案的要求，保证救援力量投送的顺利进行。

② 救援力量载运能力。在救援力量投送过程中，为了避免一般民用运输工具不能适应救援特殊运输环境，救援力量自身还应拥有一定数量和质量的运

输工具，确保能满足救援任务的需要。

③ 交通运输保障能力。交通运输过程涉及诸多要素的保障，如交通线的防护与抢修、交通工具的维修与保养、交通工具的消耗保障以及对任务区域的交通管制等，任何一个环节的缺失都可能导致救援力量投送的失败。救援组织机构在加强自身力量投送保障的同时，还应借助事发地的技术和信息优势，积极协调和沟通，共同实施交通运输保障工作。

④ 救援环境适应能力。突发事件现场环境一般复杂、多变，特别是自然灾害类突发事件会造成恶劣的气象条件和生疏的地理条件，往往成为救援力量投送的最大障碍，因此除了要具备性能优良的运输工具之外，还要培养和锻炼一批能够全天候出动、技术水平高、心理素质好的驾驶人员和技术人员。

6.5.2.3　联合救援能力的构成要素分析

联合救援能力是指围绕应急救援任务，各类救援力量以优势互补为目的，依据救援行为规则所形成的整体救援能力。联合救援能力不是单一力量行动能力的简单叠加，而是对多种力量救援能力的高度整合。

① 联合处置能力。联合处置能力是联合救援能力的核心要素，要求各种救援力量通过平时的联合训练相互熟悉处置程序、交流处置经验、合力研发救援装备与技术，并在共同的救援规格约束下协调解决救援处置过程中的各类突发情况。

② 联合保障能力。联合保障是联合救援的重要组成部分，是为了使联合救援能够顺利实施，参与救援各方的保障力量相互协调，共同实施的保障行动。实施联合保障除了要充分发挥各方保障力量的作用外，还要明确在各种可能的情况下各方之间的保障职责、保障关系、保障方式、保障内容等，使所有保障活动在制度规范下有序开展。

③ 快速救援能力。各类救援力量顺利到达事发地域后，应迅速与当地有关救援部门联系，迅速熟悉救援现场环境，根据救援实际任务需要快速制定并修正各类救援行动方案，同时建立各级救援组织，迅速开展救援行动。

6.5.2.4　专业保障能力的构成要素分析

专业保障能力是指为了使应急救援能够顺利实施，各类保障力量为保障对象提供各项专业性保障措施及相应活动的能力。应急救援保障是一项专业性极强的工作，涉及后勤、装备、技术等多专业领域，而每个专业领域的保障又有其特定的要求，即便是同一种保障专业领域，在执行不同应急救援任务时也有不同的要求。

① 保障协调能力。应急救援的专业保障内容庞杂、方式多样、需求特殊，通常情况下同一区域会有多种保障和被保障力量同时存在，相互之间的协调配合尤为重要。因此，各类救援力量之间需要建立畅通的信息交流平台，除了缜密的保障计划之外，还要以规章制度的形式来约束、规范各类救援力量的行为。

② 需求满足能力。应急救援专业保障的对象性质各异、数量繁多，除了保障自身需求之外，还要对其他救援力量、地方政府、受灾群众甚至国际救援力量实施专业保障。不同的保障对象往往保障的需求也不同，能否满足不同保障对象的保障需求是专业保障能力强弱的重要衡量标准。因此，各专业保障力量必须克服一切困难，采取各种可能方法和途径为保障对象提供快捷、可靠、持续的保障服务。

③ 动员征召能力。应急救援保障规模和水平一般都控制在可以预见的合理需求范围，不可能对所有救援保障需求都始终保持充盈的需求量，特别是对于难以预料的极端或罕见的突发事件救援任务。因此救援专业保障必须具备强大的动员征召能力，按照法律法规的要求充分调动国家、地方和社会资源，并能将其转化为应急救援的各种保障资源。

6.6　应急救援能力建设的重点内容

应急救援能力建设的内容复杂而多样，影响和制约的因素众多而各不相同，在总结我国应急救援能力建设成果的基础上，认为应急救援能力建设主要涵盖专业力量建设、装备和器材建设两个大的方面。

6.6.1　应急救援专业力量建设

应急救援行动的实践经验表明，专业的应急救援力量在救援行动中往往能发挥引领作用、突击作用和拳头作用，如地震救援队、抗洪抢险救援队等。这些专业救援力量尽管人数规模不是很大，但普遍救援装备精良、技术过硬，救援效率远高于一般性救援队伍。为了更好地完成各类应急救援任务，必须加快专业救援力量的建设步伐，其建设的原则与方式如图 6-5 所示。

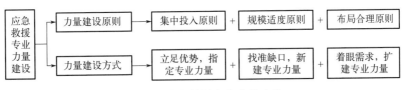

图 6-5　应急救援专业力量建设

6.6.1.1 专业力量的建设原则

应急救援专业力量建设不仅要遵循应急救援的一般原则，还要遵循一些特殊的建设原则。

① 集中投入原则。集中投入实际上就是将有限的建设资源合理分配到最需要的力量建设项目中，这是最大限度地发挥建设资源效益、尽快建成最急需的专业力量队伍的有效手段。集中投入不仅包括技术、资金、人才、装备等有形资源的投入，还包括政策、理论、法规等无形资源的倾斜。在应急救援力量建设中，即便是集中投入，也有轻重缓急，根据国家应急救援任务的实际需要，对于急需的专业力量要在集中的基础上再集中，保证重点专业力量的优先建设。

② 规模适度原则。专业力量的建设规模要适中适度，以能够有效应对主要突发事件类型和规模为标准。如果建设规模过大，不仅造成社会资源的浪费，还会导致国家整体救援力量结构的不平衡；如果建设规模不足，将无法有效完成应急救援任务。为了坚持专业力量建设规模适度原则，在专业力量建设过程中，要进行科学论证，综合分析面临的主要突发事件情况，合理确定建设规模。当无法确定建设规模时，可进行必要的试点建设，通过救援力量使用情况及时修正建设规模，实现建设效益最大化。

③ 布局合理原则。应急救援任务对时效性要求很高，而我国地域辽阔，各类突发事件会在不同地域出现，有时会呈现出不同的表现形式，为了保证应急救援的时效性，就需要对各类专业力量建设进行合理的布局。具体来讲，就是根据不同地域的突发灾害事件的特点，对各类专业力量进行陆、海、空等多维空间布局，以专业救援力量能够就近展开、迅速投入救援任务为目的和宗旨。合理布局还可以使专业救援力量在日常就能收集所在区域的突发事件的灾情信息，并针对所在地域可能发生的不同突发事件类型开展有针对性的训练，进一步提高应对所在区域应急救援任务的能力。

6.6.1.2 专业力量的建设方式

应急救援专业力量建设应针对突发事件类型，结合救援力量需求和救援力量建设现状，按照专业力量建设的基本原则，以不同的建设方式进行分类建设，主要建设方式如下：

① 立足优势，指定专业力量。专业力量的建设应结合行业领域的技术优势、人力优势、地域优势等，指定对口的管理部门和专业人员，担负相应的应急救援任务，这是目前世界各国普遍采用的方式。

② 找准缺口，新建专业力量。针对现有专业救援力量在实际救援任务需求上的缺项或不足，组建新的专业救援力量的方式。主要适用于某地区长期面临某种突发事件的现实威胁，新建专业力量必须慎重，需要科学论证，确保在有需求、有必要、有条件、不重复的情况下着手建设新的专业力量。

③ 着眼需求，扩建专业力量。对现有各类专业救援力量的规模数量、编制员额和专业领域能力等方面的扩充和完善。在分析评估现有各类专业救援力量的基础上，结合当前和未来一段时期面临的主要突发事件的危险，找出当前能力明显不足（包括专业力量数量不足或专业不全面等）的专业力量和建设方向，根据建设规划对其进行必要的扩建和补充完善，以满足实际救援工作的需求。

6.6.2 应急救援装备和器材建设

应急救援装备和器材是开展应急救援行动的物质基础，是提高救援效率、顺利完成救援任务的重要保障。由于应急救援不仅任务种类多、差别大，而且作业环境多变，情况比较复杂，既可能是救援受害人员，也可能是转运重要物资等任务。不同的救援任务和情况，对救援装备和器材的数量、性能和功能需求也不尽相同。救援装备的需求包括常规、通用装备和特种救援装备两大类，两者在应急救援行动中都发挥着不可替代的作用。但是在一些专业性强的突发事件救援行动中，常规、通用装备一般不能满足特殊救援任务的需求，例如核事故救援、生化事件处置等，往往缺乏一些高效、特种的应急救援装备，因此加强特种救援装备与器材的建设刻不容缓。

6.6.2.1 特种装备和器材的建设原则

① 立足当前实际需求，快研、快产、快配。应急救援的装备建设需要与国家的整体科技实力、制造能力相一致，它是一个长期发展提高的过程。但应急救援任务是随时可能发生的、常态化的威胁，因此面临需求和能力之间的不匹配矛盾，这就要采取超常规的建设措施，多措并举和集中力量，针对当前最急需的特种装备和器材及其生产制造中的薄弱环节，动员一切力量，快速研制、快速生产、快速配备、快速形成救援能力，尽快弥补能力的不足，减小国家和人民面临的灾害风险和潜在损失。

② 整合社会、军地资源合力建设。专业救援力量是应急救援特种装备和器材使用的主体，也是研发特种救援装备的重要力量，对于大多数通用的大型机械和常规的救援器材而言，特种救援装备研发存在技术难度大、受众面小等问题，在特种装备和器材的建设方面，需要充分整合社会、军地各方面的资

源,形成并走出一条符合中国国情的特种救援装备建设道路,这样既能节省建设资源,又能缩短建设周期,还能保证特种救援装备和器材符合应急救援队伍的使用特点和要求。

③ 着眼全球视野,加强国际合作。世界各国都面临着各类突发灾害事件的危险,其中有很多是具有国际共性的应急救援问题,包括各类救援装备的研发和使用,这就为开展国际合作提供了广泛的需求基础。对于面临相同应急救援任务的国家而言,可以通过联合国、国际组织和国家间合作协议开展特种救援装备和器材的建设协作,协商制定一系列有关规定、标准工作程序和详细方案,就能发挥各个国家的比较优势,实现更快、更好、更高效地研发各国都急需的特种救援装备和器材,实现更大范围内的救援资源整合,增强人类应对突发事件的应急救援能力。

6.6.2.2 特种装备和器材的建设途径

① 创新研发新型特种装备和器材。根据国家应急救援任务的实际需求,按照预先研究、型号研制、试验定型、批量生产、装备的工作流程,研制和开发全新的特种装备和器材。特种装备和器材既可以自主研制,也可以开展国际合作共同研发,以填补应急救援装备和器材需求的空白。

② 改进革新现有装备和器材。通过对现有救援装备进行技术改造和升级,提高原有装备的性能、功能和可靠性等。例如目前一些常规通用的工程救援装备,很多都是为施工作业而生产研发的,不能很好地满足救援工作的实际需要,需要对这些装备和器材进行升级和改造,实现部分工程装备的平、战两用特性。对现有工程装备进行适当改造,使其具备应急救援功能,将是应急救援装备和器材发展建设的必由之路。

③ 积极开展国际技术合作。发展特种救援保障需要充分学习和借鉴世界上先进国家的建设经验和技术,通过国际技术合作,加快完善我国应急救援装备和器材体系,充实和提高救援装备和器材的建设能力和水平。在开展国际合作时,要保持自身的发展特色,要关注装备和器材的救援价值与属性,要注重与我国整体救援装备体系的协调与融合。

6.6.3 应急救援能力建设基本要求

根据我国应急救援能力建设的现状和历史发展经验,应急救援能力建设应遵循如下基本要求。

6.6.3.1　自主建设与合力建设相结合

自主建设是指各类救援力量都要立足自身建设资源进行能力建设。坚持自主建设是保证应急救援能力建设的出发点，统筹其他资源共同建设是加快发展的有效途径。自主建设与合力建设相结合是由我国应急救援建设的实际情况所决定的，实现两种建设途径的相结合需要把握：一是细化建设项目，选择合适的建设途径。在众多救援能力建设项目中，有些通过自身建设就可以完成，例如基本的体能训练、战斗精神教育、内部指挥程序演练等。对于一些自身建设资源不足的项目，例如大型救灾机械设备、特种救援装备等，可以采用各方资源合力建设的方式。各级救援能力建设实施的主体要对能力建设涉及的建设项目心中有数，根据自身条件和可能借助的优势进行正确的途径选择，确保能力建设的针对性和实效性。二是发挥行业救援力量自身潜力，避免盲目建设。不同行业领域的救援能力建设存在发展不平衡、不一致的问题，每个行业都要根据救援任务的实际需求，积极稳妥地开展合作交流和技术引进。尽管某些行业领域能力建设需要吸收和借鉴大量的先进技术和处置经验，但也不能盲目引进，而是要引进那些短期内无条件形成能力并适合本行业救援行动特点的技术与经验，要避免为追求建设速度而全面引进国外技术与经验，从而放弃发掘自身潜力的做法。

6.6.3.2　统筹规划与重点建设相兼顾

应急救援能力建设是由许多子系统构成的有机整体，要解决头绪繁多的各种建设问题，就必须统筹规划，科学确定救援能力建设的目标、规模与途径。有限的建设资源和紧迫的实际需求都要求能力建设必须突出重点，只有突出重点，才能将有限的建设资源集中于关键环节和问题上，才能迅速形成当前最急需的救援能力，才能达到以点带面的示范效果。可见统筹规划与重点建设都是救援能力建设必不可少的重要手段，两种手段的运用需要协调好它们之间的关系。如果过分突出某一方面的建设，将有可能造成能力发展的不平衡；如果不分主次、不论先后、全面推进的话，就会严重影响能力建设的整体进程和效果。因此，必须坚持统筹规划与重点建设相兼顾的原则，力争在协调平衡的基础上突出重点、区分档次，只有这样才能形成一个良性的发展机制。这就需要把握以下两点：一是学会运用系统科学的方法筹划应急救援能力建设。应急救援能力建设所涉及面非常广泛，例如，从建设要素上看，涉及人才培养、技能训练、装备器材、指挥机构、专业力量、法律法规等方面；从建设过程上看，涉及建设思路、建设目标、建设手段、建设保障等方面；从建设环境上看，涉及国家战略能力建设、国家应急体系建设等方面；从建设内容上看，既有技术水平建设又有救援素养建设，既有国内救援能力建设又有国外救援能力建设。如此复杂的建设局面，采用一般的线性思维来筹划是不行的，必须引入系统科学的基本方法，学会应用系统论的观点，准确把握能力建设的阶段性特点和诸多矛盾，正确处理建设过程中的若干重大关系，做到在统筹中保持协调，在兼顾中把握平衡，实现"软件"和"硬件"同步发展，实现应急救援能力建设整体发展。二是要善于平衡"一般"和"重点"的关系。应急救援能力建设突出重点，但是不等于只抓重点而忽视非重点，"重点"对"一般"有带动作用，而"一般"也在一定程度上会促进"重点"的发展。所以能力建设过程中，既要保证"重点"，又要照顾"一般"；既要反对主次不分，又要反对单一冒进。

6.6.3.3 跨越发展与有序推进相统一

跨越发展与有序推进是应急救援能力建设的两种必不可少的发展模式。一方面，应急救援能力还无法完全满足维护国家利益的需要，为了尽可能减少损失，必要时对有些救援能力要实现速成，进行跨越式发展。另外，某些救援能力与国际先进水平相比也存在较大差距，为了尽快弥补差距，实现追赶甚至超越，就需要进行跨越式发展。另一方面，应急救援能力的生成不是一蹴而就的，它是一个螺旋式循环上升的过程，需要一个长期的建设过程，需要坚持不懈地打牢基础，按照既定规划，分步骤、分阶段地有序推进。两种发展模式辩证统一、相辅相成，在建设方式上，跨越发展体现为非常规的提升、超越，有序推进体现为按部就班、循序渐进；在建设标准上，跨越发展注重解决"优"的问题，有序推进注重解决"有"的问题；在建设效果上，跨越发展强调局部提升或重点超越，有序推进则注重整体提高、不留短板。这就要求正确处理好以下重要关系：一是处理好应急建设与长期建设的关系。应急建设是为形成某种急需的能力而集中大量建设资源进行的突击建设。长期建设则是着眼远期能力目标而进行的常规建设。处理这对关系，既不能因应急建设的紧迫性而搞短期行为，影响到长期建设；也不能因长期建设的任重道远而亦步亦趋，影响到应急建设。要把长期建设作为贯穿始终的主线，围绕远期目标搞建设、谋发展，要把应急建设融于长期建设过程之中，使两者相互衔接、持续不断。二是处理好建设速度与建设质量的关系。应急救援能力建设既要保证能力建设的快速推进，又要保证最佳的建设效果，不能一味追求速度而放弃质量，也不能只追求质量而放弃速度。要力争通过合理的建设思路、科学的建设方法、有效的建设保障，快速达成建设目的。三是处理好新建与改造的关系。新建就是根据救援任务发展的要求增加全新的建设要素；改造就是把新思想、新技术、新方法融入已有的建设要素当中，使原有的救援功能得以提升，救援效率更加高效，满足应急救援任务的需求。所以要以新建带动改造，以改造促进新建，统筹两者关系，实现应急救援能力的全面发展。

思考题

1. 应急救援评估的目的是什么？如何有效地开展应急救援评估工作？

2. 应急救援评估工作的主要对象和内容包括哪些方面？评估工作基本的程序和方法是什么？

3. 应急救援能力建设包括哪些方面？如何合理确定应急救援能力建设的重点内容？

第七章

应急救援装备

本章提要

本章主要从工程类、工具类、信息类、运送类和救援机器人等几类应急救援装备出发，分别介绍其基本功能和应急处置主要作用等，重点掌握应急救援装备功能、作用和实际运用的方法。

"工欲善其事，必先利其器"，救援装备作为突发灾害事件救援工作中重要的物质支撑，是救援战斗力的构成要素，是决定救援行动成败的重要因素，因而日益受到人们的广泛关注和高度重视。

7.1 应急救援装备概述

应急救援装备是应用于救援与管理的工程机械、救援工具器材、信息类装备、车船艇舟及辅助设备等各种技术装备与物资装备的总称，如推土机、挖掘机、装载机、破拆工具、通信设备、搜索定位设备、救援机器人、交通工具、防护服、隔热服、救援专用数据库、GPS、GIS等。

7.1.1 应急救援装备的主要作用

（1）高效处置突发灾害事件

高效处置，化险为夷，尽可能地避免、减少人员伤亡和经济损失，是应急救援的核心目标。在突发灾害事件发生时，面对各种复杂的危险，必须使用大量种类不一的救援装备。如果没有专业的救援装备，灾害将得不到有效遏制，事件就会不断升级恶化，受灾人员与救援人员的生命就得不到保障，由此将造成难以估量的严重后果。

应急救援装备，就是救援人员的有力武器。要提高救援能力，保障救援工作的高效开展，迅速化解险情，控制事态发展，就必须为救援人员配备专业化的救援装备。

（2）有力保障人员生命安全

突发灾害事件发生时，如果各类应急救援监测装备、控制装备能够及时启动，消除险情，避免灾害后果，就能从根本上消除对人员的生命威胁，避免出现人员伤亡。例如，油气管线泄漏，若可燃气体监测仪能及时监测报警，就可以在泄漏初期及时进行处置，避免火灾爆炸事故的发生。同样，突发事件发生后，及时启用相应的救援装备，也可以有效控制事态发展，避免事件的恶化或扩大，从而有效避免、减轻相关人员的伤亡。

（3）尽力减少财产损失

高效的救援装备会使突发事件尽快得以控制，避免进一步恶化，在避免、减少人员伤亡的同时，也会有效避免各类财产损失。例如，某些安全生产事故发生后会对水源、大气造成污染，甲苯、苯等危险化学品的运输车辆翻进河流后，若发生泄漏就会直接对水源造成污染；如果救援不及时，就会扩大危害后果，即便没有直接造成人员的伤亡，但是直接、间接地用于处理、善后水体、土壤污染的费用是惊人的。

（4）全力维护社会稳定

某些突发事件发生之后，往往会引起周边区域的社会恐慌，甚至社会动荡。例如，2005年吉林某公司苯胺装置硝化单元发生着火爆炸事故，不仅造成了重大人员伤亡和经济损失，还引发了松花江重大水环境污染事件，造成了不良的国际影响。如果当初配置有先进的灭火救援装备，不单一使用大量的消防水，做好消防污染水的后期管理，就能避免大量污染水的外排，就能避免和消除事故对社会稳定的影响。

7.1.2 应急救援装备的分类和发展趋势

应急救援装备种类繁多、功能不一、适用性差异大，具有多种分类方法，例如按适用性、具体功能、使用状态等进行分类。按照具体功能分类，救援装备可以分为预测预警装备、个体保护装备、通信与信息装备、灭火抢险装备、医疗救护装备、交通运输装备、工程救援装备、技术装备等。按照适用性分类，救援装备可以分为工程机械、工具类救援装备、信息类救援装备、运送类救援装备、救援机器人及辅助类救援装备等大类。

应急救援活动有其自身的社会特点，它会随着经济发展、社会进步和科技提升而呈现出一些带有方向性、倾向性、规律性的动向和趋势。了解、顺应和把握这些发展趋势，对于研发应急救援装备、提高装备使用效率、高效开展灾害救援都是极其重要和必要的。

7.1.2.1 救援意识主动化，救援需求强烈

突发灾害事件频发，生命财产安全不能得到保障，使人们认识到在紧急状态下缺少应急救援的危害及开展应急救援的必要性，人们的救援意识渐渐主动化，对于应急救援的需求逐步强烈，对救援知识普及、培训、宣传教育的需求进一步增加。同时，人们对自己工作、生活、活动场所的救援要求也进一步提高，特别是对于一些突发灾难事件易发多发场所（如煤矿、高速公路、公共场所等）提出了更高的救援要求。由此，人们对社会救援体系的建设、救援能力的配备要求也日渐提高，要求在一定时间内有专业的救援队伍到达现场，实施专业、高效的救援服务。可以说，人们救援主动意识的增强，对于每个人、每个机构、每个场所乃至整个社会救援体系都提出了新的更高的要求，从而也有助于减少突发事件的发生，减缓灾难蔓延的速度，降低人们生命财产损失的程度。当前，经济社会的不断发展进步为满足人们的灾害救援需求提供了物质基础，为满足应急救援行动的需求提供了可能性。

7.1.2.2 救援力量社会化，救援需求多元化

随着社会行业分工的细化、突发事件种类的增多，对应急救援的需求也发生了分化，要求救援服务的多样化。总体上来看，随着救援需求的变化，救援力量逐渐从家庭到政府、从政府到专业机构、从专业机构发展到整个社会，救援社会化的趋势既是社会发展的共同需要，也是社会文明程度提高的一大标志。应急管理作为各级政府部门的基本职能之一，政府一直在努力给每个公民、每个组织提供基本的公共救援服务，这是每个普通公民都可以享受到的基本救援保障。作为专业性救援机构，他们主要针对自己的专业领域实施救援。部分专业性救援机构作为商业性运营机构，主要根据市场原则为客户提供救援服务。总之，救援供给的社会化和多元化，救援服务内容的细化和差别化，都来自救援需求的多样化，属于社会文明进步的主要内容。

7.1.2.3 救援管理、机构、队伍和技能专业化

随着社会经济的发展和人们生产生活方式的调整，突发事件也呈现出非传统、多样化、危害烈度加大等特点，传统的一揽子粗放式救援体制、机制、模式和手段已很难适应新的日益细化的救援工作需要，这就催生了应急

救援作为一个新的专门领域的产生和发展，应急救援从政府到社会，从法律法规政策到具体措施，从机构到装备到人员等的专门化、专业化倾向日渐显著。一是专业性法律法规逐渐增多。我国先后出台《中华人民共和国突发事件应对法》《国家突发事件应急体系建设"十三五"规划》和《"十四五"国家应急体系规划》等法规和指导意见。二是政府管理机构的专门化。政府管理部门也设立了专门机构，如交通运输部的中国海上搜救中心、中国地震局的中国地震应急搜救中心、应急管理部的国家减灾委员会等。2018 年组建的应急管理部，专职负责全国的应急救援管理工作。三是具体救援机构的专业化。很多国家的救援机构是从医疗救援开始发展的，近年来在医疗救援的基础上，矿山救援、道路救援、航空救援、海上救援、化工救援、地震救援、旅游救援、心理救援等专业救援机构蓬勃发展。这些以某一领域的突发事件为救援业务的机构，在设备配置、业务流程、内部管理等方面具有独特优势，这不仅完善了救援体系，更重要的是提高了救援的速度和效率。四是救援知识、技能的专业化。人们在总结突发事件应对经验的基础上，思考、研究如何才能更好地实施救援，并按照特有的规律对救援人员进行培训和专业技能提升，一些专业性的第三方应急救援机构也如雨后春笋般发展起来，并且专业化程度越来越高。

7.1.2.4 救援体系系统化，运行管理规范化

突发事件的特点之一是无国界、跨行政区，随着经济全球化的发展，人们的生产、经营和生活的国际化日渐明显，提供紧急救援服务的体系也必须随之发展，形成遍布全球、逻辑严密、合理衔接的网络体系。在救援事件较少、覆盖面较小、参与机构和人员有限的情况下，应急救援带有零散性或权宜性等特点。随着业务量的增大，政府、企业、社会的救援机构便需要紧密对接，形成一个覆盖世界各地的网络体系，以便随时接受有关机构和人员的呼救并开展救援。从国内到国外乃至整个国际社会需要连接和联网，因此其体系必须按照实际需要进行系统化和网络化的科学设计。

目前，一些按照商业化运作原则设立的救援机构，不仅在设计上进行了充分的论证，在建设中最大限度地对已有资源进行了整合，而且在运行、管理中也按照科学规律开展工作，实行全球范围内的标准化服务，使其能按照清晰的业务流程、规范的运作体系、高效的服务方式为客户提供满意的救援服务。目前世界上的大型专业救援机构，其救援的科学性、规范性、标准化、法律关系的清晰性都达到了一定水平，随着社会的发展会更加完善。

7.1.2.5 救援装备协作化、体系化、智能化

突发事件，尤其是特大自然灾害的发生，往往不是以国家、行政区划来界定的，具有跨国界、跨地域的特点，经济的全球化、国际合作的加强和交流的增多、人员跨国流动的迅猛增长，都使得合作成为必要和必然，使得国际救援合作成为可能。为此，不仅要加强与国际救援机构的交流合作，而且要在重大救援力量布局、重大规划制定、重要救援队伍设立等方面考虑周边国家的救援合作需求，以通过国际社会的共同努力减少突发事件的发生及其给人类社会带来的威胁和损失。

从救援装备总体发展形势来看，智能化、小型化、精密化是主要发展方向，同时也朝着体系结构调整和提高效能方向迈进，即应急救援装备发展的体系化。当前我国救援装备总体发展趋势是增加装备种类、强化装备功能、提高装备性能稳定性，要不断加大科技投入，努力突破关键核心技术，生产出功能多、性能稳定的救援装备。救援对象及其发生灾害事故情形的多样性、复杂性，决定了救援行动过程中要用到各种各样的救援装备，而且各装备需要相互组合、配合使用。这种多样性、组合性，决定了救援装备的系统性，从整体上看救援装备必将形成体系化的发展特点。

应急救援行动中，应急指挥人员对救援装备的实时情况可能不很了解，这样就会延缓救援步伐，延误救援时机。如果将投入救灾的工程机械安装上智能控制系统和卫星定位装置，指挥人员就能随时了解机械的运行状态。此类工程机械智能调度指挥系统，能最大限度地调配指挥受灾区域内的工程机械设备，发挥最大能力和合理利用资源。在实际应急救援过程中，有的区域因环境污染等使救援人员不能接近，此时就需要应用遥控技术或人工智能技术。例如，在炼钢厂炉渣和核污染物处理中，应用了遥控装载机、推土机、压路机、垃圾压实机等。今后随着人工智能技术的发展，越来越多具有高危险性的救援活动就可以采用无人、远程、自主的救援装备。

7.1.2.6 救援装备产业化、市场化、商业化

各级政府作为应急救援的基本保障者和提供者，能够满足一般人群的普通救援需求，但难以完全满足不同人群、不同突发事件下的不同需求。这就需要按照工作性质、环境特征、突发事件特点等设计应急救援产品和装备，满足特殊或个性化的应急救援需要。应急救援还可以向各方面延伸，例如，对于预防阶段，涉及救援装备、产品、物资配备，涉及救援人员数量和质量；对于培训领域，则涉及教材编写、场所设立、器材购置、组织培训等。各级政府给予应

急救援加大投入、社会积极参与的同时，也需要发展市场化的应急救援体系，尽可能实现一些应急救援领域的产业化、商业化。

综上所述，救援需求的增加、救援市场的扩大，对救援装备也产生了直接影响。救援队伍的装备水平随着科技的发展而逐步提高，如救援直升机、生命探测仪、瓦斯报警器、高臂消防车、大吨位救援车、海上救援装置等，这些都是当前救援装备高科技化的重要标志。围绕救援，一些住宅、写字楼、宾馆饭店要求配备逃生产品，如救援包、防火面具、逃生绳索等。

7.2 工程机械类救援装备

土石方施工工程、路面建设与养护、流动式起重装卸作业和各种建筑工程所需的综合性机械化施工设备，以及与上述工程相关的生产过程机械化所应用的机械设备，统称为工程机械。一般包括挖掘机械、铲土运输机械、工程起重机械、工业车辆、压实机械、桩工机械、混凝土机械、钢筋及预应力机械、装修机械、凿岩机械、气动工具、铁路路线机械、军用工程机械、电梯与扶梯、工程机械专用零部件等。

7.2.1 工程机械的概念和分类

工程机械是装备工业的重要组成部分，在经济建设和社会发展中发挥着重要作用。工程机械是保证各种工程建设高速度、高质量、低成本的重要手段。救援任务中常用的工程机械可以简要分为挖掘机、推土机、装载机、起重机、消防车等。

7.2.2 挖掘机类救援装备

挖掘机是用铲斗挖掘高于或低于承机面的物料并装入运输车辆或卸至堆料场的土石方机械。挖掘机在采矿、筑路、水利、电力、建筑、石油、天然气管道铺设和军事工程中被广泛使用，如图 7-1 所示。

(a) 履带式　　　　　　(b) 轮胎式　　　　　　(c) 步履式

图 7-1　挖掘机

按作业方式可将挖掘机分为：单斗挖掘机、多斗挖掘机；按驱动方式分为：电驱动挖掘机、内燃机驱动挖掘机、复合驱动挖掘机；按工作装置分为：正铲挖掘机、反铲挖掘机、拉铲挖掘机、抓斗挖掘机、起重吊钩挖掘机；根据行走机构分为：履带式挖掘机、轮胎式挖掘机、步履式挖掘机。

挖掘机在救援过程中主要是在发生塌方、坍塌等事故后，对现场堆积的石块进行挖掘，以对人员和物资进行救援，如图 7-2 所示。

图 7-2　挖掘机现场救援应用场景

例如，地震中挖掘机是清理道路、废墟，迅速打通道路阻塞的有力武器，可以让更多的工程机械救援设备快速进入搜救现场。在泥石流灾害中，挖掘机是排险的首要工具。它能够快速打捞淤泥开辟河道，有效帮助泄洪。此外，挖掘机还可排除受灾现场的淤泥、淤水，开辟出一个操作面，从而让更多的大型机械设备能够进入搜救现场，开展搜救工作，为受灾群众打开生命之路。甘肃舟曲泥石流救援中就大量使用挖掘机，使救援工作能够快速展开。挖掘机还能救助被困群众脱离险境，帮助救援人员抵达救援现场。

7.2.3　推土机类救援装备

推土机是一种能够进行挖掘、运输和排弃岩土的土方工程机械。履带式推土机主要由发动机、传动系统、工作装置、电气部分、驾驶室和机罩等组成。其中，机械及液压传动系统又包括液力变矩器、联轴器总成、行星齿轮式动力换挡变速器、中央传动、转向离合器和转向制动器、行走系统等，如图 7-3 所示。

推土机按行走方式可分为履带式和轮胎式两种。履带式推土机附着牵引力

(a) 轮胎式推土机　　　　(b) 履带式推土机　　　　(c) 湿地推土机

图 7-3　推土机

大，接地比压小，爬坡能力强，但行驶速度低。轮胎式推土机行驶速度高，机动灵活，作业循环时间短，运输转移方便，但牵引力小，适用于需经常变换工地和野外工作的情况。按使用用途可分为通用型及专用型两种。通用型是按标准进行生产的机型，广泛用于土石方工程中。专用型用于特定的工况下，有采用三角形宽履带板以降低接地比压的湿地推土机和沼泽地推土机、水陆两用推土机、水下推土机、船舱推土机、无人驾驶推土机、高原型和高湿工况下作业的推土机等。

推土机前方装有大型的金属推土刀，使用时放下推土刀，向前铲削并推送泥、沙及石块等，推土刀位置和角度可以调整。推土机能单独完成挖土石、运土石和卸土石工作，具有操作灵活、转动方便、所需工作面小、行驶速度快等特点。其主要适用于一至三类土的浅挖短运，如场地清理或平整、开挖深度不大的基坑以及回填、堆筑高度不大的路基等。

推土机也是一种短距离自行式铲土运输机械，主要用于 50～100 米的短距离施工作业。推土机主要用来开挖路堑、构筑路堤、回填基坑、铲除障碍、清除积雪、平整场地等，也可用来完成短距离内松散物料的铲运和堆积作业。当自行式铲运机牵引力不足时，推土机还可作为助铲机，用推土板进行顶推作业。推土机配备松土器，可以翻松 3、4 级以上硬土、软石或凿裂岩层，配合铲运机进行顶松作业。推土机还可利用挂钩牵引各种拖式机具进行作业，如拖式铲运机、拖式振动压路机等。推土机在应急救援中发挥的作用如图 7-4 所示。

图 7-4　推土机现场救援场景

在抗震救灾中，推土机主要用于清除障碍物、打通道路、平整地面。推土机和挖掘机一起作业用于紧急抢通道路，推土机开挖溢洪道进行抢险等。推土机也具有消防的功能。燃烧逾百年的新疆硫磺沟煤田大火，着火面积达 184 万平方米，2004 年，推土机在硫磺沟用推土覆盖的方式进行灭火。推土机也可进入核事故现场进行应急救援，俄罗斯生产的某型防核辐射推土机可以在核事故现场发挥重要作用。

7.2.4 装载机类救援装备

装载机是一种广泛用于公路、铁路、建筑、水电、港口、矿山等建设工程的土石方施工机械，它主要用于铲装土壤、砂石、石灰、煤炭等散状物料，也可对矿石、硬土等做轻度铲挖作业。换装不同的辅助工作装置还可进行推土、起重和其他物料如木材的装卸作业。装载机的铲掘和装卸物料作业是通过其工作装置的运动来实现的。

装载机工作装置由铲斗、动臂、连杆、摇臂、转斗油缸和动臂油缸等组成。按行走系统结构可分为轮胎式装载机和履带式装载机。轮胎式装载机具有机动灵活、作业效率高、制造成本低、使用维护方便、操作舒适性较好的特点；履带式装载机具有牵引力大、越野性能及稳定性好、爬坡能力大、转弯半径小的特点，可以在场地条件恶劣的环境下工作。装载机如图7-5所示。

(a) 轮胎式　　　　　　　(b) 履带式　　　　　　(c) 紧凑型履带式

图 7-5　装载机

按照装卸方式其可分为前卸式、回转式和后卸式。前卸式结构简单、工作可靠、视野好，适合于各种作业场地，应用较广；回转式工作装置安装在可回转360°的转台上，侧面卸载不需要调头，作业效率高，但结构复杂、质量大、侧面稳定性较差，适用于较狭小的场地；后卸式前端装、后端卸，作业效率高，但作业的安全性欠佳。按发动机位置分为发动机前置式和发动机后置式两大类，国产大中型装载机普遍采用发动机后置式的结构形式，司机操作视野好，发动机还可兼作配重使用。按转向方式分为偏转车轮转向式、铰接转向式和滑移转向式三类。按驱动方式分为前轮驱动式、后轮驱动式和全轮驱动式三类。装载机在应急救援中发挥的作用如图7-6所示。

图 7-6　装载机现场救援场景

装载机也是地震道路救援中必不可少的设备，大量的土石只靠挖掘机清理是不行的，更主要的还是靠装载机这种大斗容的设备来清理。在泥石流灾害抢险救援中，装载机转运灾民、清理石块、铲运沙袋，成为抢险救灾的利器，在特大灾害面前托起"生命之舟"。

7.2.5 起重机类救援装备

起重机是指在一定范围内垂直提升和水平搬运重物的多动作起重机械。起重机主要包括起升机构、运行机构、变幅机构、回转机构和金属结构等。起升机构是起重机的基本工作机构，大多由吊挂系统和绞车组成，也有通过液压系统升降重物的。运行机构用以纵向水平运移重物或调整起重机的工作位置，一般由电动机、减速器、制动器和车轮组成。变幅机构只配备在臂架型起重机上，臂架仰起时幅度减小，俯下时幅度增大，分平衡变幅和非平衡变幅两种。回转机构用以使臂架回转，由驱动装置和回转支承装置组成。金属结构是起重机的骨架，主要承载件如桥架、臂架和门架可为箱形结构或桁架结构，也可为腹板结构，有的可用型钢作为支承梁。常见的起重机如图 7-7 所示。

(a)汽车式　　　　　　(b)履带式　　　　(c)桁架臂式

图 7-7　起重机

起重机按起重性质分为：流动式起重机、塔式起重机、桅杆式起重机。按结构形式分为：轻小型起重设备、桥架式（桥式、门式）起重机、臂架式（自行式、塔式、门座式、铁路式、浮船式、桅杆式）起重机和缆索式起重机。轻小型起重设备的特点是轻便、结构紧凑、动作简单，作业范围投影以点、线为主，一般只有一个起升机构，它只能使重物做单一的升降运动，包括千斤顶、滑车、手（气、电）动葫芦、绞车等。桥架式起重机可在长方形场地及其上空作业，多用于车间、仓库、露天堆场等处的物品装卸，有梁式起重机、桥式起重机、缆索起重机、运载桥等。臂架式起重机可在圆形场地及其上空作业，多用于露天装卸及安装等工作，有门座式起重机、浮船式起重机、桅杆式起重机、壁行式起重机和甲板起重机等。臂架式起重机多装设在车辆上或其他形式的运输（移动）工具上，这样就构成了臂架式旋转起重机，如汽车起重机、轮胎式起重机、塔式起重机、门座式起重机、浮船式起重机、铁路起重机等。

除此以外，按取物装置和用途分类，有吊钩起重机、抓斗起重机、电磁起重机、冶金起重机、堆垛起重机、集装箱起重机和救援起重机等；按运移方式分类，有固定式起重机、运行式起重机、自行式起重机、拖引式起重机、爬升式起重机、便携式起重机、随车起重机等。起重机在应急救援中发挥的作用如图 7-8 所示。

图 7-8　起重机应急救援场景

起重机在救援现场多用于起吊大型废墟，也可用于抢通道路，可大大提高救援速度。汽车起重机由于机动灵活，而且长吊臂搭配吊篮，常常被应用在远距离救援中，如果发生泥石流，在救援人员无法近距离救援时，使用起重机能有效快速地解救被困群众。

7.2.6　消防车类救援装备

消防车是指根据需要，设计制造成适宜消防队员乘用、装备各类消防器材或灭火剂，供消防部队用于灭火、辅助灭火或消防救援的车辆，包括我国在内的大部分国家的消防部门也会将其用于其他紧急抢救用途。消防车可以运送消防员抵达灾害现场，并为其执行救灾任务提供多种工具。现代消防车通常会配备钢梯、水枪、便携式灭火器、自持式呼吸器、防护服、破拆工具、急救工具等装备，部分还会搭载水箱、水泵、泡沫灭火装置等大型灭火设备。多数地区的消防车外观为红色，但也有部分地区消防车外观为黄色，部分特种消防车亦是如此，消防车顶部通常设有警钟警笛、警灯和爆闪灯。常见的消防车如图 7-9 所示。

(a) 水罐消防车　　　　　　(b) 干粉消防车　　　　　　(c) 泵浦消防车

图 7-9　消防车

但一般而言，消防车的分类是以其功能特点为标准，我国普遍将消防车划分为：灭火消防车、举高消防车、专勤消防车、机场消防车和后援消防车等。

① 灭火消防车：此类消防车可喷射灭火剂，独立扑救火灾。

高倍泡沫消防车：车上装备有高倍数泡沫发生装置和消防水泵系统。可以迅速喷射发泡 400～1000 倍的大量高倍数空气泡沫，使燃烧物表面与空气隔绝，起到止燃和冷却作用，并能排除部分浓烟，适用于扑救地下室、仓库、船舶等封闭或半封闭建筑场所火灾，效果显著。

二氧化碳消防车：车上装备有二氧化碳灭火剂高压贮气钢瓶及其成套喷射装置，有的还设有消防水泵。主要用于扑救贵重设备、精密仪器、重要文物和图书档案等火灾，也可扑救一般物质火灾。

干粉消防车：主要装备干粉灭火剂罐和干粉喷射装置、消防水泵和消防器材等，主要使用干粉扑救可燃和易燃液体、可燃气体、带电设备火灾，也可以扑救一般物质火灾。对于大型化工管道火灾，扑救效果尤为显著。其是石油化工企业常备的消防车。

泡沫-干粉联用消防车：是泡沫消防车和干粉消防车的组合，它既可以同时喷射不同的灭火剂，也可以单独使用。适用于扑救可燃气体、易燃液体、有机溶剂和电气设备以及一般物质火灾。

② 举高消防车：装备举高和灭火装置、可进行登高灭火或消防救援的消防车，如图 7-10 所示。

图 7-10 举高消防车救援场景

云梯消防车：车上设有伸缩式云梯，可带有升降斗转台及灭火装置，供消防人员登高进行灭火和营救被困人员，适用于高层建筑火灾的扑救。

登高平台消防车：车上设有大型液压升降平台，供消防人员进行登高扑救高层建筑、高大设施、油罐等火灾，营救被困人员。

举高喷射消防车：装备有折叠、伸缩或组合式臂架，转台和灭火喷射装置。消防人员可在地面遥控操作臂架顶端的灭火喷射装置在空中向施救目标进行喷射扑救。

③ 专勤消防车：担负除灭火之外的某专项消防技术作业的消防车，如

图 7-11 所示。

(a) 通信指挥消防车　　　　　(b) 正负压排烟消防车　　　　　(c) 消防坦克

图 7-11　专勤消防车

通信指挥消防车：车上设有电台、电话、扩音器等通信设备，可供火场指挥员指挥灭火、救援和通信联络，通常会在应对需要指挥调度的任务时出动。

照明消防车：车上主要装备发电机、固定升降照明塔、移动灯具以及通信器材。为夜间灭火、救援工作提供照明，同时兼作火场临时电源，为通信、广播宣传和破拆器具提供电力。

抢险救援消防车：车上装备有各种消防救援器材、消防员特种防护设备、消防破拆工具及火源探测器，是担负抢险救援任务的专勤消防车。

勘察消防车：车上装备有勘察柜、勘察箱、破拆工具柜，装有气体、液体、声响等探测器与分析仪器，也可根据用户要求装备电台、对讲机、录像机、录音机和开闭路电视，是一种适用于公安、司法和消防系统特殊用途的消防车。它可用于火灾现场、刑事犯罪现场及其他现场的勘察，还适用于大专院校、厂矿企业、科研部门和地质勘查等单位。

排烟消防车：车上装备风机、导风管，用于火场排烟或强制通风，以便使消防队员进入着火建筑物内进行灭火和营救工作。特别适宜于扑救地下建筑和仓库等场所的火灾时使用。

供水/液消防车：它的特点是装有大容量的贮水罐或泡沫液罐等，还配有消防水泵系统和泡沫输送系统。它能为火场提供水或消防液，是专给火场输送补给泡沫液的后援车辆，特别适用于干旱缺水地区。

消防坦克：由军用坦克改装、专用于城乡消防的特殊坦克，是特种坦克的一种。具有防火、防爆、防毒、清障等突出的功能特点。消防坦克多用于危险化学品泄漏等引起的大规模严重火灾，可凭借其装甲厚重、动力强劲、越野破障的优势突入火场，但由于公路机动性差，成本高昂且耗油量大，因此较为罕见。

④ 机场消防车：专用于处理飞机火灾事故、可在行驶中喷射灭火剂的灭火消防车，如图 7-12 所示。

机场救援先导消防车：这种车辆一般具有良好的机动性能，并备有 1000

升左右的轻水泡沫液。该车在得到飞机失事的警报后，能迅速地驶往失事地点，向飞机的失火部位喷射轻水泡沫，阻止火势蔓延，为后续的机场救援消防车扑救赢得极其宝贵的时间。

图 7-12　机场消防车

7.2.7　其他类救援装备

应急交通工程装备是用于应对突发事件和抢险救灾等特定情况，快速提供道路交通保障的工程装备或相关装备的集合。现代应急交通工程装备涉及结构工程、机电工程、船舶工程、车辆工程、材料科学、液压和液力传动、控制技术、计算机技术等多个学科领域，具有机电一体化程度高、机动性强、互换性好、作业速度快等特点，应用领域广泛，发展前景广阔。

应急交通工程装备按其应用领域可分为 4 类。一是公路应急交通工程装备，包括应急机械化桥、应急机动栈桥、装配式公路钢桥、桥梁加固器材、公路应急转换通道、路面器材、道路清障装备等。二是铁路应急交通工程装备，包括铁路应急站台、铁路应急抢修钢梁及桥墩、铁路应急转换通道、铁路舟桥、特种架设工具等。三是水路应急交通工程装备，包括应急舟桥、水陆两用气垫船、应急组合式机动驳、浮式海岸滩涂通道、拼装式应急码头等。四是航空应急交通工程装备，包括飞机应急跑道、直升机起降应急停机坪、机场升降摆渡平台、机场跑道应急抢修装备、机场路面防护链板、机场应急综合保障装备等。

各类突发灾害事件发生时往往会伴随着道桥损毁、交通阻断，给救灾物资输送、受灾居民转移造成了极大困难，如图 7-13 所示。在"时间就是生命"

图 7-13　应急舟桥装备及救援场景

的应急救援工作中，特别是在受到"最后一公里"制约的应急处置关键环节上，迫切需要快速打通灾区生命线、恢复交通运输能力的应急交通工程装备。此外，这些装备在反恐防暴、国际人道主义救援、战后重建、国际维和等非战争军事行动中也显现出独特的作用。

1998年7月，松花江特大洪水将位于吉林市的温德桥冲毁，温德桥是吉林市通往灾区永吉、磐石、桦甸三县市的必经之路。为尽快抢通这条交通大动脉，某工兵团利用应急舟桥在温德河段架起一座长183米的浮桥，使大批救灾物资快速运往灾区。

2008年5月汶川大地震后，灾区道路遭毁、桥梁垮塌，参加救灾的工程兵部队在都江堰紫坪铺水库使用舟桥器材快速建造漕渡门桥，构建起都江堰至映秀镇的水上通道，每天运送人员数量达到5000多人、物资达到数百吨。在都江堰至映秀镇、绵阳至南坝镇、绵竹经广济到什邡红白镇等多条公路上，利用装配式公路钢桥快速架设起一座座应急便桥，打开了"生命通道"。在灾后重建期间，这些钢桥作为半永久性桥梁使用，又保障了人员和车辆及工程机械等装备的通行，为灾后重建做出了重要贡献。

2010年8月甘肃舟曲发生特大山洪泥石流后，应用重型机械化桥梁技术在白龙江上迅速架起应急桥，解决了大型施工机械在软基上无法施工的难题，为排除堰塞湖险情、加速河道清淤疏浚、保障舟曲县城退水重建做出了关键性的贡献。

7.3　工具类救援装备

工具，原指工作时所需用的器具，后引申为达到、完成或促进某一事物的手段。工具类救援装备是应急救援过程中单人或者班组使用的工具、器材，如破拆工具和各种小型救援装备。

7.3.1　工具类救援装备的分类

分类方法包括按照结构和功能分类、按照某种性能参数分类、按照动力源分类等。按照动力源、结构和功能分类相结合的方法，分为手动破拆工具、液压破拆工具、内燃破拆工具、电动破拆工具、气动救援工具、复合式切割工具、化学破拆工具等。

7.3.2　手动类救援工具

手动类救援工具有锤、钢锯、六方扳手、起钉器、钢锹、砍刀、开桶器、攀登器、拖钩、手动破拆工具组等，如图 7-14 所示。其中重点介绍防爆锤，目前防爆锤主要有两种材质，即铝青铜、铍青铜。它们都属国家ⅡC级设备，在浓度为 21% 的氢气中作业不引爆气体。因铍青铜材料磁性为零，故铍青铜工具又称防磁工具，可在磁场环境安全作业。防爆锤能有效地防止工具与工作物相互摩擦、撞击时产生的可燃性爆炸，确保财产和人身安全。可以用于砸开车窗玻璃、破开救援障碍等。

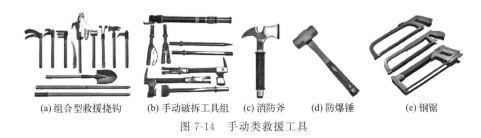

(a) 组合型救援挠钩　　(b) 手动破拆工具组　　(c) 消防斧　　(d) 防爆锤　　(e) 钢锯

图 7-14　手动类救援工具

7.3.3　液压类救援工具

　　一套完整的液压工具通常由动力元件、执行元件、控制元件和辅助元件等组成。动力元件指液压系统中的液压泵，其作用是将原动机的机械能转换成液体的压力能，向整个液压系统提供动力。液压泵的结构形式一般有齿轮泵、叶片泵和柱塞泵。执行元件（如液压缸和液压马达）的作用是将液体的压力能转换为机械能，驱动负载做直线往复运动或回转运动。控制元件（即各种液压阀）在液压系统中控制和调节液体的压力、流量和方向，根据控制功能不同可分为压力控制阀、流量控制阀和方向控制阀，根据控制方式不同可分为开关控制阀、定值控制阀和比例控制阀。辅助元件包括油箱、滤油器、油管及管接头、密封圈、压力表、油位油温计等。液压油是液压系统中传递能量的工作介质，有各种矿物油、乳化液和合成型液压油等几大类。液压类救援工具如图 7-15所示。

　　液压类救援工具根据用途不同分为扩张器、剪切器、液压顶杆、开门器等，其动力源有机动泵和手动泵，附件有液压油管卷盘等。扩张器主要用于支起重物、分离开金属和非金属结构，具有扩张和闭合功能。剪切器主要用于剪断门框、汽车框架结构或非金属结构，以救援被夹持或被锁于危险环境中的受害者。液压顶杆主要用于支起重物，支撑力比扩张器大，但支撑对象空间应大于顶杆的闭合距离。开门器特别适用于住宅、宾馆及商业楼宇的火灾救援，能快速打开锁死的房门。

(a) 液压动力站及工具组   (b) 液压破拆工具组

图 7-15　液压类救援工具

7.3.4　电动类救援工具

电动类救援工具有往复锯、凿岩机、冲击钻、钢筋速断器等，如图 7-16 所示。往复锯可对管子、角钢、各种木材、软钢板、铝板、铜板及合成树脂进行切锯，拥有强大的切割能力，可快速更换锯片，碳刷外置方便更换，手柄带有软皮以增加操作时的舒适性。

(a) 钢筋速断器　　　(b) 凿岩机　　　　(c) 冲击钻　　　　(d) 往复锯

图 7-16　电动类救援工具

7.3.5　其他类救援工具

① 气动救援工具。通常可分为气动顶升工具和气动破拆工具等。救援起重气垫是气动顶升技术中的重要工具，与高压储气瓶、输气管、空气压力控制附件等组成完整的气动顶升系统。通过连接储气瓶，调节控制阀开关控制气垫充气程度，以达到垂直提升堵塞通道的目的，如此便为建立支撑通道创造了条件。破门毁锁器是一种气动破拆工具，主要用于火灾、地震、车祸等应急救援情况，可快速破拆防盗门窗、窗户护栏等障碍物，尤其适用于无电源、高空等特殊场合。

② 复合式切割工具。它是以液压、内燃、电力和气动等复合动力方式为破拆单元提供动力源的破拆工具。一般包含气动切割刀、等离子切割机、电弧

切割机等。其中，等离子切割机是利用高温等离子电弧的热量使工件切口处的金属局部熔化（和蒸发），并借助高速等离子电弧的动量排除熔融金属以形成切口的一种加工方法。它可以切割各种氧气难以切割的金属，尤其是对于有色金属（铝、铜、钛、镍）切割效果更佳；其主要优点在于切割厚度不大的金属时，等离子切割速度快，尤其在切割普通碳素钢薄板时，速度可达氧切割法的5～6倍，而且切割面光洁、热变形小、几乎没有热影响区。

综上所述，在各种破拆救援器材中，小型、便携型设备体积较小、重量轻，一个人就可以操作，因此得到更为广泛的使用。例如，在汶川地震救援过程中，重灾区多为交通不便的高山峡谷地带，加上地震造成交通中断、通信中断、河道阻塞，救援人员、物资、车辆和大型救援设备无法及时进入现场，工具类装备就成为救援人员快速开展工作可以第一时间获得的救援装备。同时，救援现场往往情况复杂，救援人员有时候要在废墟中进行工作，而这些位置是体积较大的救援设备和工具无法到达的。因此，救援过程中需要用到各种各样的工具、装备，发挥各自的优势与特长，配合使用才能完成一个共同任务。

美国纽约"9•11"恐怖袭击事件中，世界贸易中心大楼遭到恐怖袭击后，纽约市为消防队员配备了大量的小型便携救援工具，并根据不同阶段的工作任务、工作环境的特点，使用各种破拆工具等设备。随着挖掘和清理工作的深入，液压破拆工具、电动破拆工具和内燃破拆工具得到了广泛的使用。

7.4　信息类救援装备

7.4.1　信息类救援装备的概念与分类

信息类救援装备，是指能够给操作使用者提供各类所需信息的设备或者利用高新技术进行信息传输的各类设备。信息类救援装备大致可以分为通信类、侦检类、搜索定位类等。通信类主要分为卫星通信设备、车载通信设备、移动和网络通信设备等。侦检类分为核、生、化、有毒气体侦检设备等。搜索定位类分为 GPS、北斗定位系统、伪基站等。

7.4.2　通信类救援装备

应急通信，一般指在出现自然的或人为的突发性紧急情况，也包括重要节假日、重要会议等通信需求骤增时，综合利用各种通信资源，保障救援、紧急救助和必要通信所需的通信手段和方法，是一种具有暂时性的、为应对自然或人为紧急情况而提供的特殊通信机制。应急救援通信是有效开展应急处置的前提，应急通信是保障应急救援通信的物质基础。通信类救援装备一般可分为地面、空中和海上三大类，应急救援通信装备一般包含无线对讲机、移动蜂窝电话、移动网络和卫星通信等，如图 7-17 所示。

    (a) 无线对讲机   (b) 应急通信车   (c) 便携式卫星站

图 7-17   应急救援通信装备

其中卫星通信技术一般由卫星和地球站两部分组成。卫星在空中起中继站的作用，即把地球站发出来的电磁波放大后再传送回另一个地球站。地球站则是卫星系统与地面公众网的接口，地面用户通过地球站出入卫星系统形成链路。优点方面：①通信范围大，卫星发射的波束所覆盖的范围均可进行通信；②不易受陆地灾害影响；③建设速度快，易于实现广播和多址通信；④电路和话务量可灵活调整；⑤同一信道可用于不同方向和不同区域。缺点方面：①由于两地球站间电磁波传播距离有 72000 千米，信号到达有延迟；②10GHz 以上频带受降雨（雪）的影响；③天线受太阳噪声的影响。

例如，海上应急救生通信装备，是安装于水面船舰、潜艇、飞机、岸基值守台、指挥所内，用于海上遇险呼叫、位置标示、救助现场通信的设备和器材，主要有数字选呼终端、便携式救生电台和应急无线电示位标（EPIRB）等。无线电示位标是一种能发射无线电信号的信标，利用本身发射的射频信号来表示自己的位置及状态，以便搜救单位准确地确定它的位置。它是全球海上遇险与安全系统（GMDSS）中重要的船对岸的报警装置。全球海上遇险与安全系统使用的卫星应急无线电示位标主要有两种：工作在 1.6GHz 频率上，通过国际海事卫星组织（INMARSAT）的海事卫星进行中继的应急无线电示位标；工作在 406MHz 和 121.5MHz 两个频率上，通过全球卫星搜救系统（COSPAS/SARSAT）的搜救卫星进行中继的应急无线电示位标。由于406MHz 的应急无线电示位标和其所在的全球卫星搜救系统的成功开发与成熟应用，目前海船已广泛地装配使用，它在全球范围内大量的搜救行动中起着不可替代的作用。

7.4.3　侦检类救援装备

世界范围内各类有毒有害物质已被大量应用于经济社会发展中的各个领域，人类在利用这些物质发展生产的同时，危险物质固有的易燃、易爆、有毒、腐蚀等特性给人类生活环境带来副作用，如果处理不当，在生产、储存、运输过程中将会发生爆炸、火灾、中毒、放射性等安全问题。突发事件发生后，往往会伴随有毒有害气体泄漏、漏电、放射性物质泄漏等次生灾害隐患，侦检类装备可用于救援现场的环境条件检测，以免造成不必要的灾害扩大。

侦检类移动装备可以透过混凝土、砖、雪、冰和泥浆，探测物体运动、探测遇险者的位置，在恶劣的环境条件下也能工作，一般操作简单、简便易学，不需要复杂的系统维护，使搜救工作变得简单易行。在分秒必争的营救工作中，生命侦测仪可以帮助搜救人员迅速准确安全地发现仍然存活的遇险者，从而为营救工作争取到宝贵的时间，如图 7-18 所示。

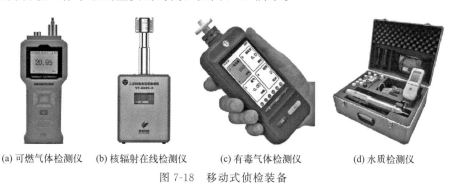

(a) 可燃气体检测仪　　(b) 核辐射在线检测仪　　(c) 有毒气体检测仪　　(d) 水质检测仪

图 7-18　移动式侦检装备

任何物体只要温度在绝对零度以上就会产生红外辐射，人体也是天然的红外辐射源。但人体的红外辐射特性与周围环境的红外辐射特性不同，红外生命探测仪就是利用它们之间的差别，以成像的方式把要搜索的目标与背景分开。人体的红外辐射能量较集中的中心波长为 9.4 微米，人体皮肤的红外辐射范围为 3~50 微米，其中 8~14 微米占全部人体辐射能量的 46%，这个波长是设计红外生命探测仪的重要的技术参数。红外生命探测仪能经受救援现场的恶劣条件，可在震后的浓烟、大火和黑暗的环境中搜寻生命。红外生命探测仪探测出遇险者身体的热量，光学系统将接收到的人体热辐射能量聚焦在红外传感器上后将其转变成电信号，处理后经监视器显示红外热像图，从而帮助救援人员确定遇险者的位置。

音频生命探测仪应用了声波及震动波的原理，采用先进的微电子处理器和声音/振动传感器，进行全方位的振动信息收集，可探测以空气为载体的各种声波和以其他媒体为载体的振动，并将非目标的噪声波和其他背景干扰波过滤，进而迅速确定被困者的位置。高灵敏度的音频生命探测仪采用两级放大技术，探头内置频率放大器，接收频率范围为 $1\sim4000\text{Hz}$，主机收到目标信号后再次升级放大。这样，它通过探测地下微弱的诸如被困者呻吟、呼喊、爬动、敲打等产生的音频声波和振动波，就可以判断生命是否存在，如图 7-19 所示。

图 7-19　音频生命探测仪应急场景

雷达生命探测仪是融合雷达技术、生物医学工程技术于一体的生命探测设备。它主要利用电磁波的反射原理制成，通过检测人体生命活动所引起的各种微动，从这些微动中得到呼吸、心跳的有关信息，从而辨识有无生命。雷达生命探测仪是世界上最先进的生命探测仪，它主动探测的方式使其不易受到温度、湿度、噪声、现场地形等因素的影响，电磁信号连续发射机制更增强了其区域性侦测的功能。

超宽谱雷达生命探测仪是该类型中最先进的一种，用于震区生命探测具有穿透力强、作用距离精确、抗干扰能力强、多目标探测能力强、探测灵敏度高等优点，探测距离可达 30～50 米，穿透实体砖墙厚度可达 2 米以上，可隔着几间房探测到人，并具有人体自动识别功能，在生命探测领域拥有广泛的应用前景。与红外生命探测仪、音频生命探测仪相比更实用，因此成为研究的热点。生命探测技术的发展，必将使其应用范围不断扩大，如用于医学上的非接触式生命监护等，将通过更多的途径挽救生命，造福人类。

光学生命探测仪，也被称为"蛇眼生命探测仪"，是利用光反射进行生命探测的仪器。仪器的主体非常柔韧，像通下水道用的蛇皮管，能在瓦砾中自由扭动。仪器前面有细小的探头，可深入极微小的缝隙探测，类似摄像仪器，将信息传送回来，救援人员利用观察器就可以把瓦砾深处的情况看得清清楚楚。

7.4.4　搜索定位类救援装备

在各种复杂的灾害场景下迅速发现并准确定位被困人员是目前应急救援领域的迫切需求。但实际上面临许多困难：突发事件发生后的环境复杂，具有不可预知性；存在多种对无线定位技术的干扰因素，如大量烟雾和颗粒，野外非视距传播的影响等；突发灾害及其衍生危害时刻威胁着被困人员的生命安全；救援人员需要对被困人员实施搜寻，然后进行定点救援，但没有足够的时间和人员来进行拉网式排查；支撑条件缺乏，灾害现场通常处于通信和电力中断的状况，给救援人员的搜救工作带来很大困难。

全球定位系统（Global Positioning System，GPS），是一种以人造地球卫星为基础的高精度无线电导航定位系统，它在全球任何地方以及近地空间都能够提供准确的地理位置、运动速度和精确的时间等信息。全球定位系统通常包括三个部分，即空间部分（GPS卫星）、地面监控部分和用户部分，具有在海、陆、空进行全方位实时三维导航与定位的功能。世界上具有五大定位系统：①中国的北斗卫星导航系统；②俄罗斯的格洛纳斯（GLONASS）全球卫星导航系统；③美国的GPS全球定位系统；④欧盟的伽利略卫星导航系统；⑤日本的准天顶卫星系统。

北斗卫星导航系统（Beidou Navigation Satellite System）是中国自行研制的全球卫星导航系统，是联合国卫星导航委员会已认定的供应商。北斗卫星导航系统由空间段、地面段和用户段三部分组成。空间段由若干地球静止轨道卫星、倾斜地球同步轨道卫星和中圆地球轨道卫星组成；地面段包括主控站、时间同步/注入站和监测站等若干地面站以及星间链路运行管理设施；用户段包括北斗及兼容其他卫星导航系统的芯片、模块、天线等基础产品以及终端设备、应用系统与应用服务等，如图7-20所示。

图7-20　北斗卫星导航系统

北斗卫星导航系统可在全球范围内全天候、全天时为各类用户提供高精度、高可靠定位、导航、授时服务，并且具备短报文通信能力，已经具备区域导航、定位和授时能力，定位精度为分米、厘米级别，测速精度0.2m/s，授时精度10ns。目前全球范围内已经有137个国家与北斗卫星导航系统签下了合作协议，随着全球组网的成功，北斗卫星导航系统未来的国际应用空间将会不断扩展。

重大灾害发生后，救援成功的关键在于及时了解灾情并迅速到达救援地点。北斗卫星导航系统除导航定位外，还具备短报文与位置报告功能，实现灾害预警速报、救灾指挥调度、快速应急通信等，可极大提高灾害应急救援反应速度和决策能力。在我国地震、雪灾、台风等重大自然灾害中，北斗都有着卓越的表现。例如，在汶川地震发生后，利用北斗迅速在抗震救灾总指挥部、成都联合指挥部及一线抗震救灾队伍之间搭建起一个信息反馈及时、救援力量态势共享的应急平台，在突破救灾盲点、全面进入灾区、打通生命线、攻克堰塞湖等重大战役中发挥了独特优势和不可替代的作用。

7.5 运送类救援装备

7.5.1 运送类救援装备的概念与分类

运送装备就是车辆、飞机、船艇等交通运输工具。运送类救援装备专指救援力量执行灾害救援任务中用于运送救援人员、救援装备和物资的车辆、直升机和船艇等交通运输工具。运送装备保障体系主要由三部分组成：一是以各类车辆为主的地面运送装备；二是以冲锋舟、高速舰艇为主的水上运送装备；三是以运输直升机为主的空中运送装备。

7.5.2 车辆类救援装备

车辆类救援装备是指为了运载救援人员、救援装备和物资的需要，采用普通运输车辆、专用汽车改装或专门设计的各种专用汽车的总称，一般均经过特殊改装以适应执行各种不同任务的需要，如图 7-21 所示。人员运送车辆主要有客车、卡车及小型机动车车辆。运兵车系列主要用于执行安全巡逻，反恐任务或平息暴乱、骚乱等突发事件时运送作战人员。军队、武警和公安消防部队在执行救援任务时，情况紧急，这类车辆也常常用于救援场合兵力运送。轻型越野输送车系列轻便灵活、机动性能好、地形适应性强，主要用于快速运送少量人员、装备到达灾害现场。

(a) 运兵车　　　　　　　　(b) 翻斗车　　　　　　　　(c) 全地形车

图 7-21　车辆类救援装备

物资装备运送车辆：运送救援装备和物资的专用车辆。装备输送车辆是部队和其他救援力量执行任务所必需的专用车辆，整车可以放置单兵装具及救援工具。放置警用器材和装备的厢体为厢式密封结构，使用型钢焊接成厢体的骨架。高防锈性能电解板制作厢体的外蒙皮，厢体的尾门外部装有不锈钢爬梯，外部顶上有可以放置用于攀登的高强度铝合金伸缩梯的夹具。

地面保障车辆：为救援力量（人员和装备）提供保障条件、恢复其战斗力的车辆，主要有宿营车、炊事车、油罐车、救护车、照明车、淋浴车等，如图 7-22 所示。

(a) 救援装备工具车　　　　　(b) 消防宿营车　　　　　(c) 燃气射流车

图 7-22　地面保障车辆

燃气射流车：利用涡喷发动机尾喷口喷出的燃气射流的高温、高速效应，对染毒兵器表面连续喷吹，使化学战剂和生物战剂受热分解和蒸发，从而达到消毒、灭菌的目的。利用燃气射流的高速效应，对受核沾染的大型兵器表面连续喷吹，使放射性物质吹离受染物表面，从而达到消除沾染的目的。

7.5.3　船艇类救援装备

船艇是灾害救援中不可或缺的交通工具，特别是对于洪涝灾害。其按照尺寸和排水量分为大型船艇、小型船艇，在救援中主要用到的是小型船艇，如冲锋舟、高速船艇、摩托艇和气垫船等，如图 7-23 所示。

(a) 冲锋舟　　　　　(b) 多功能应急救援船　　　　　(c) 气垫船

图 7-23　水面应急救援船艇

气垫船：利用气压高于环境大气压的空气在船底与支承表面间形成气垫，使全部或部分船体脱离支承表面而高速航行的船。气垫是用鼓风机将空气压入船底，由船底周围的柔性围裙气封装置限制空气逸出而形成。气垫船就是利用船底与水面间的高压气垫托起船体，使其能够快速在水上行进。

7.5.4 飞行类救援装备

航空应急救援装备是我国应急救援体系建设的重要组成部分，在处置各种突发事件过程中具有快速、高效、受地理空间限制较少等优势，是许多国家普遍采用的最有效的应急救援手段。在地质灾害、森林消防等多种救援场景中，航空应急救援都凭借其响应速度快、机动能力强、救援范围广、救援效果好、科技含量高等特点发挥着重要作用。目前主流的应急救援装备包括救援直升机、地效飞行器、大型运输机、水上飞机、无人机等，如图7-24所示。

(a) 救援直升机　　　　　　(b) 水上飞机　　　　　　(c) 无人机

图 7-24　飞行类救援装备

救援直升机在其中又占主要地位。直升机主要由机体和升力（含旋翼和尾桨）、动力、传动三大系统及机载飞行设备等组成。旋翼一般由涡轮轴发动机或活塞式发动机通过由传动轴及减速器等组成的机械传动系统来驱动，也可由桨尖喷气产生的反作用力来驱动。

救援直升机是把直升机应用于应急救援，能更快速到达水、陆路不可通达的作业现场，实施搜索救援、物资运送、空中指挥等工作。直升机是航空应急救援的核心装备。虽然直升机在应急救援中具有种种优势，但它在飞行速度、航程、续航时间、使用地域上依然会受到一定限制。

地效飞行器是介于飞机、舰船和气垫船之间的一种新型高速飞行器，主要在地效区，贴近地面、水面飞行。地效飞行器利用地面效应原理实现飞行能力。地面效应是低高度飞行器在起飞和着陆过程中，地面会产生出一种使机翼诱导阻力减小、升阻比增加、飞机升力显著提高的效应。

无人驾驶飞机简称"无人机"，是利用无线电遥控设备和自备的程序控制装置操纵的不载人飞机，或者由车载计算机完全地或间歇地自主操作。通常可分为：无人固定翼飞机、无人垂直起降飞机、无人飞艇、无人直升机、无人多旋翼飞行器、无人伞翼机等。无人机可在各类防灾减灾救灾过程中执行监测预警、搜索救援、通信指挥、后勤保障、应急救援等任务,智能无人机具有感知、决策、执行等特征,可提升复杂危险场景中的应急救援效率与安全性。

7.6 救援机器人

7.6.1 救援机器人基本情况概述

救援机器人能有效地提高救援效率并且减少人员伤亡,它们不仅可以协助开展救援任务,而且能够替代工作人员展开搜寻工作。救援机器人是机器人学中的一个新兴的富有挑战性的领域,它能够在异常危险和复杂的灾难环境下完成救援的任务,其核心技术主要包括移动行走技术、传感技术、信号处理与通信技术、导航和定位技术等。救援机器人硬件在发展过程中逐渐形成几种基本移动平台,如履带式平台、蜿蜒式(蛇形)平台、飞行类平台等。

7.6.2 地震救援类机器人

地震发生后,该类机器人能够立即进入结构不稳定的废墟和狭小的空间进行搜索、营救。根据近几年地震救援情况不难看出,地震发生后废墟结构极不稳定,很容易对在废墟中的救援队员造成危险,而涉核、涉化设施的震后救援更充满危险性,如图 7-25 所示。

(a) 四足侦察机器狗　　　(b) 履带式侦察机器人　　　(c) 蛇形搜救机器人

图 7-25 地震救援类机器人

比如日本地震,中国国际救援队奔赴的是遭受严重海啸灾害的日本岩手县大船渡市。特别是灾区下雪后,冒着严寒,中国国际救援队先后在岩手县大船渡市完成了对 200 余幢房屋的拉网式排查搜索。一些大面积的倒塌建筑可以借助机械挖掘搜索,但一些缝隙、狭小空间等,救援队员进去有危险,大型设备又没有"用武之地",就需要一些特定的设备来完成搜救。

7.6.3　火灾救援类机器人

　　火灾救援类机器人一般安装有超声波传感器、视觉传感器、嗅觉传感器等各种传感器，并配有机械手、抓手等救援工具和灭火工具，如图 7-26 所示。履带型消防灭火机器人由机器人本体、消防水炮、终端组成。产品性能稳定、技术先进、质量可靠、拆装方便，每台产品都经过调校和性能测试。由直流电机提供动力，采用工程履带底盘，机动灵活，可原地转向、爬坡，越野能力强；配备的大流量消防水炮射程远，操控灵活，部署方便。

　　(a) 消防侦察机器人　　　　(b) 消防灭火侦察机器人　　　　(c) 全地形四驱消防机器人

图 7-26　消防机器人

7.6.4　矿山救援类机器人

　　矿山救援类机器人是由多刚体组成的具有非完整约束的复杂机械系统。其有良好的越障能力和续航能力。日本研制出新型搜救机器人，全身都是特制的履带，四肢能独立分开遥控，并且装备了红外热敏摄像头，如图 7-27 所示。

　　(a) 履带式侦察机器人　　　(b) 四摆臂履带侦测机器人　　　(c) 轨道式巡检机器人

图 7-27　矿山救援类机器人

　　井下履带式探测机器人按照防爆标准，搭载配套的平板电脑和遥控发送器，可代替消防救援人员进入易燃易爆、有毒、缺氧、浓烟等危险灾害事故现场进行侦察，有效地解决消防人员在上述场所面临的人身安全问题。

7.6.5 危化救援类机器人

危化救援类机器人作为特种机器人的一种，采用锂电池电源作为动力源，可使用无线遥控的方式远距离操控。可使用于各种大型石油化工生产、储运企业等发生的有毒有害物质泄漏、燃爆等事故现场救援活动，能够替代救援人员在危化事故中实施救援，如图 7-28 所示。

(a) 轮式防爆巡检机器人　　　(b) 履带式消防救援机器人　　　(c) 雾炮排烟防灭火机器人

图 7-28　危化救援类机器人

危化救援类机器人主要应用于石化企业、焦化厂、炼化厂、化工厂、输气站等Ⅱ类爆炸环境中，可代替人工巡检，对减轻劳动强度、降低劳动风险、提高生产安全性具有重要意义。

危化救援类机器人搭载多种传感器，实时采集现场的图像、声音、红外热像及温度、烟雾、多种气体浓度等参数；机器人具有智能识别功能，采用智能感知关键技术算法，能够准确判断设备当前运行状态，并基于大数据分析预警技术对设备运行故障超前预判、预警，减少故障停机时间。

7.6.6 其他类救援机器人

其他类救援机器人可以分为水下救援机器人、灾难侦察机器人、军用救援机器人等。水下救援机器人可在高度危险环境、被污染环境以及零可见度的水域代替人工在水下长时间作业。水下救援机器人上一般配备声呐系统、摄像机、照明灯和机械臂等装置，能提供实时视频、声呐图像，机械臂能抓起重物。由于水下救援机器人运行的环境复杂，水声信号的噪声大，而各种水声传感器普遍存在精度较差、跳变频繁的缺点，因此水下救援机器人运动控制系统中滤波技术显得极为重要。水下救援机器人运动控制中普遍采用的位置传感器为短基线或长基线水声定位系统，速度传感器为多普勒速度计，会影响水声定位系统精度。

7.7　辅助类救援装备

辅助类救援装备是指虽然不直接用于救援行动，但是救援中不可缺少的，能够协助其他救援装备共同完成救援任务，或者为救援行动提供某种便利条件的装备，如指挥控制系统及装备、能源供给装备、照明装备、呼吸装备、防护装备等。

7.7.1　灾害现场智能指挥系统

灾害现场智能指挥系统在灾害救援中也十分重要。突发事件具有发生时间及发生地点不确定的特点，准确、及时、全面地了解事发现场情况是事件评估、预警及预案启动、应急决策指挥的重要依据。现场应急处置除需要获取应急救援现场信息之外，还需要应急技术和应急装备作为支撑，形成突发事件应急处置能力，实现"跨领域、跨层级、跨时空"的快速协同、综合协调和高效处置，以提高突发事件处置效率。灾害现场智能指挥终端设备是一款满足上述条件的应急装备，其设计思想充分体现了"重心下移、关口前移"的应急管理理念；采用紧凑、轻巧、高集成度的结构设计；可由应急人员携带，在第一时间抵达突发事件现场；可通过摄像机、录像机、气象站及主机等装备完成突发事件现场的信息采集，如音视频、照片、环境参数、地理信息等；根据灾害现场的网络环境选择网络或海事卫星与后方指挥平台建立连接，并将采集到的信息上传到指挥平台，为后方指挥人员的科学决策和现场人员的安全保障提供技术手段。智能指挥终端设备具有在线会商功能，能够实现各方之间音视频、标绘、文字等方式的多级多方异地会商，具有音视频会商、协同标绘、文字会商、会商控制及视野同步等功能。另外，智能指挥终端设备能够快速加载后方指挥平台的基础数据，接收后方指挥平台生成的预测预警、态势推演和智能辅助方案，实现真正意义上的"现场-指挥中心"一体化协同应急，有效解决了应急处置中"最后几十米至几公里"的瓶颈问题，提高了应急管理的现代化水平，提高了应对各类突发事件的处置能力和效率，实现"第一时间、第一现场"事件处置与指挥决策。

7.7.2　人员防护类救援装备

人员防护类救援装备可以有效防止二次灾害发生，保护救援人员生命安全。防护类装备主要有防护服、防护面罩、呼吸器、群体防护装备等，如

图 7-29 所示。

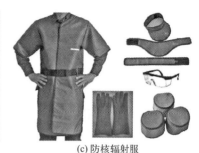

(a) 防化服   (b) 防热辐射服   (c) 防核辐射服

图 7-29 常见的人员防护服

防护服主要指防化服、防毒服、防核辐射及其他射线服（防辐射服）等。防化服是工作人员在有危险性化学品或腐蚀性物质的现场作业时，为保护自身免遭危险性化学品或腐蚀性物质的侵害而穿着的防护服。防毒服是供军民使用的一种皮肤防护器材，它与防毒面具、防毒手套、防毒靴等配套使用，可以有效地防御有毒气体及雾滴状毒剂对人体的伤害。防辐射服是采用金属纤维混合织物制成，具有减少或屏蔽电磁辐射、电离辐射作用的服装。

7.7.3 其他类辅助救援装备

在应急救援过程中，道路运输条件往往遭到破坏，突发事件中受害人员的输送经常需要人力完成，需要利用担架来搬运伤员，常见的担架类型包括升降担架、轮式担架、铲式担架、篮式担架、卷式担架等，如图 7-30 所示。用于救援中的担架，除了方便携带、坚固耐用外，还要求具有多功能性，以达到一装多用的目的。

图 7-30 应急救援担架

搬运伤员时伤员常采用的体位：①仰卧位。对所有重伤员，均可以采用这种体位，可以避免颈部及脊椎的过度弯曲而防止椎体错位的发生；对腹壁缺损的开放伤的伤员，当伤员喊叫屏气时肠管会脱出，让伤员采取仰卧屈曲下肢体位，可防止腹腔脏器脱出。②侧卧位。在排除颈部损伤后，对有意识障碍的伤员可采用侧卧位，以防止伤员在呕吐时食物吸入气管。伤员侧卧时，可在其颈部垫一枕头，保持中立位。③半卧位。对于仅有胸部损伤的伤员，常因疼痛、血气胸而致严重呼吸困难。在除胸椎融合、腰椎损伤及休克时，可以采用这种体位，以利于伤员呼吸。④俯卧位。对胸壁广泛损伤，出现反常呼吸而严重缺氧的伤员，可以采用俯卧位，以压迫、限制反常呼吸。⑤坐位。适用于胸腔积液、心衰病人。

思考题

1. 救援装备在应急处置过程中的主要功能作用有哪些？按其功能可以分为哪些类型？

2. 不同类型的突发事件对救援装备共性的需求有哪些？对应的差异性需求有哪些？

3. 人工智能技术发展可为未来应急救援装备需求提供哪些技术支撑？

4. 不同功能作用的救援装备如何在实战中有效组合而发挥最大的救援效能？

附录1 自然灾害类案例——2023 年土耳其"2·6"地震

（一）灾害基本情况

据中国地震台网正式测定，北京时间 2023 年 2 月 6 日 9 时 17 分（当地时间 2 月 6 日 4 时 17 分），在土耳其发生 7.8 级地震，震源深度 20 千米，震中位于北纬 37.15 度，东经 36.95 度。地震发生在东安纳托利亚断层的南部分支，系马拉蒂亚和哈塔伊之间的断层断裂导致的，震中 300 千米范围内有 33 座大中城市，最近为加济安泰普（Gaziantep），距震中约 40 千米，震区受灾情况如附图 1-1 所示。

附图 1-1 土耳其地震受灾情况

当地时间 2023 年 2 月 8 日晚，土耳其副总统奥克塔伊表示，截至目前，地震灾区已经发生了 790 次余震。当地时间 2023 年 2 月 9 日，据土耳其灾害应急管理局（AFAD）消息，在卡赫拉曼马拉什省发生 7.7 级地震之后，截至当日，土耳其共发生了 1117 次地震。当地时间 2023 年 2 月 9 日，土耳其副总统奥克塔伊表示，强震已造成该国 17674 人死亡、72879 人受伤。当地时间 2023 年 2 月 19 日，土耳其灾害应急管理局表示，在土耳其 2 月 6 日发生强烈地震之后，截至目前，土耳其累计发生 6040 次余震，其中一次余震为 6.6 级，40 次余震震级在 5～6 级，还有 436 次余震达到 4～5 级。2023 年 3 月 20 日，土耳其总统埃尔多安表示，震灾造成的损失已超过 1040 亿美元。当地时间 2023 年 4 月 5 日，土耳其内政部长索伊卢表示，土耳其南部强震已致该国 50399 人遇难。

2023 年 2 月 6 日，除土耳其外，周边黎巴嫩、叙利亚等国也受到此次地震影响。据黎巴嫩《东方-今日报》网站报道，黎巴嫩靠近黎土边境的地区当天震感明显，很多居民跑到街上避险。据叙利亚国家电视台 2 月 6 日消息，叙利亚卫生部副部长艾哈迈德·达米里亚表示，当天早晨土耳其东南部发生的地震已在叙利亚造成 237 人死亡、639 人受伤。其中，受灾人员主要集中在叙利亚拉塔基亚省、阿勒颇省、哈马省和塔尔图斯省。当地时间 2023 年 2 月 9 日晚，叙利亚卫生部部长哈桑·加巴什表示，土耳其强震已致叙利亚政府控制区域内 1347 人死亡，另有 2295 人受伤。此外，当地救援队表示，在叙利亚西北部反对派武装控制区，地震导致超 1930 人死亡，另有超 2950 人受伤，死伤人数或将进一步上升。

（二）救援处置情况

2023 年 2 月 6 日，土耳其发生强烈地震之后，联合国当天立即紧急开启灾后援助行动，为受灾地区和民众提供人道救助，随后国际社会不断向灾区伸出援手。

2023 年 2 月 6 日，中国红十字会决定向土耳其红新月会和叙利亚红新月会各提供 20 万美元紧急人道主义现汇援助，支持其开展灾害救援救助。大地震发生后，天仪研究院第一时间安排巢湖一号卫星对地震灾区紧急成像，成功获取了震中周边区域雷达遥感影像。

2023 年 2 月 6 日，土耳其东南部接连发生两次 7.8 级地震，造成重大人员伤亡和财产损失。中国中联重科第一时间组织救援队和挖掘机设备，在风雪中狂奔 16 小时，驰援灾情严重的哈塔伊省。作为首批到达现场的中国救援力量之一，中联重科救援队已协助救出 4 名被困人员。

2023 年 2 月 7 日，中国首支社会救援力量公羊救援队派遣第一支城搜救援队由杭州基地出发赶赴土耳其此次地震受损最严重的灾区。先遣队由 8 名富有国际救援经验的地震救援专家组成，他们携带了先进的雷达生命搜索仪、破拆救援装备和一条搜索救援犬，前往土耳其震区参加救援，如附图 1-2 所示。

北京时间 2023 年 2 月 7 日 16 时许，应土耳其政府请求，中国政府派遣中

附图 1-2　土耳其地震应急救援行动

国救援队乘国航包机从首都机场出发飞赴灾区。中国救援队 82 名队员携带救援装备和物资前往灾区，救援队主要由北京市消防救援总队、中国地震应急搜救中心、应急总医院人员组成。

2023 年 2 月 7 日，韩国政府决定向土耳其地震灾区派遣由 110 多人组成的"韩国海外紧急救援队"（KDRT），驰援土耳其地震灾区。2 月 7 日晚，土耳其内政部部长索伊卢表示，已经向土耳其全境的地震灾区派遣了 18000 名军人和 10000 名警察。同日，联合国宣布向遭受地震灾难的土耳其和叙利亚提供 2500 万美元的人道主义援助。

当地时间 2023 年 2 月 8 日，据中央广播电视总台中国之声报道，土耳其已经建立了一条"空中援助走廊"，用于向灾区运送医疗队、搜救队、车辆以及其他物资。同日，来自无锡市和宜兴的蓝天救援队迅速启动"报备程序"，共有 6 名队员与江苏省内的其他蓝天救援队队员一起从苏南硕放机场出发，前往伊斯坦布尔开展地震救援工作。

2023 年 2 月 8 日夜间，在土耳其南部受灾较为严重的哈塔伊地区，中国救援队挑灯夜战，对被困在坍塌居民楼废墟下的人员展开搜救。9 日凌晨，中国救援队与当地救援队通力合作，从废墟中成功营救出一名孕妇。这也是中国救援队在抵达当地之后成功营救的第一位幸存者。在此前救出被困孕妇的居民楼附近，中国救援队在哈塔伊安塔基亚市的一栋倒塌的居民楼中发现另一名女性被困者。当地时间下午 4 点多，经中国救援队和当地救援队全力营救，该女性被成功救出，被救护车送往医院进行救治。这是中国救援队在土耳其成功救援的第二名幸存者。

当地时间 2023 年 2 月 8 日，土耳其卫生部部长科贾称，已在强震灾情严重的 10 个南部省份建立 77 家野战医院。2 月 8 日晚，土耳其副总统奥克塔伊表示，截至目前，地震灾区已经发生了 790 次余震，在救灾现场，有来自 66 个国家的搜救队，超过 900 台起重机，临时住宿区内人数已超过 50 万人。政府已经向受灾省份分发了大约 10 万顶帐篷，包括来自救灾部门、安全部队、红新月会、非政府组织、志愿者、卫生队等在内的救援人员总数为 103800 人，已搭建完成能容纳 106 万人的庇护所。

2023 年 2 月 9 日上午，中国红十字会向叙利亚地震灾区提供的首批 5000 人份的医疗物资从北京启运。同日，世界银行宣布向土耳其提供 17.8 亿美元，帮助其进行震后救灾和重建工作。

2023 年 2 月 10 日，俄罗斯卫星通讯社报道，俄罗斯紧急情况部两架伊尔-76 运输机将向叙利亚运送 70 吨人道主义物资以援助受地震影响的灾民，第一架飞机已从茹科夫斯基机场起飞。

2023 年 2 月 11 日清晨六点半，中国政府援助土耳其抗震救灾的首批物资——4 万条毛毯从上海浦东机场启运，于 2 月 11 日和 2 月 12 日分批运抵伊斯坦布尔。中方援助的 1000 套棉帐篷、心电图机、超声诊断仪、医用转运车、手动病床等物资将分批发运。

2023 年 2 月 12 日，据法新社多哈报道，卡塔尔将向土耳其和叙利亚捐赠 1 万个世界杯期间使用过的移动房屋，用于安置在毁灭性大地震中失去家园的灾民。

2023 年 2 月 13 日，中国红十字会援助叙利亚的第二批人道主义物资运抵叙利亚首都大马士革，这批物资包括帐篷、急救包、衣物和药品等地震灾区急需物品，将惠及灾区民众 1 万余人。

2023 年 2 月 14 日，中国政府援助叙利亚抗震救灾物资的包机从南京启运，该批物资包括约 3 万个急救包、1 万件棉服、300 顶棉帐篷、2 万条毛毯、7 万片成人纸尿裤以及呼吸机、麻醉机、制氧机、LED 手术无影灯等应急医疗设备和物资。

2023 年 2 月 14 日，香港特区行政长官李家超表示，香港特区政府已征集到一批价值约 3000 万港元的灾后应急物资，包括帐篷、毛毡、暖炉、衣履等御寒物品，以及药物、医疗用品及仪器等医疗支援物品。待土耳其方面落实好运输安排后，将送往灾区。香港民间捐赠的超过 100 吨的物资已于 13 日晚运往土耳其，包括御寒衣物、毛巾、棉被、暖风机、手电筒等。

2023 年 2 月 17 日，多国救援队已陆续撤离灾区，土耳其阿纳多卢通讯社 16 日报道称，来自世界各地的 9300 多名救援人员正安排回国航班。

2023 年 3 月 13 日，土耳其阿纳多卢通讯社报道称，卡塔尔向土耳其捐赠的首批集装箱房屋已抵达哈塔伊省地震灾区，并开始安装。首批集装箱房屋共计 600 个，将有 596 个灾区家庭陆续入住。卡塔尔共计划向土耳其捐赠 10000 个集装箱房屋，其中 5000 个将被安置在地震重灾区哈塔伊省，另外 5000 个将被运往其他受灾省份。

（三）救援工作点评

土耳其地震救援过程面临的主要困难和问题：

一是地震灾区建筑多为钢筋混凝土结构，工厂、学校很多都是楼房，人口相对比较集中，这些建筑物坍塌后，大量人员被埋压，实施救援时会受到很多制约，容易相互影响，导致顾此失彼，受害人员搜救难度大，如附图 1-3 所示。

二是救援工作受到当地雨雪、冰冻等恶劣天气影响，土耳其震中卡赫拉曼马拉什省最低气温低于零摄氏度，并伴随持续降雨，低温和雨夹雪加剧了对受困人员的搜救任务的紧迫性，受灾群众需要有足够的食品、御寒衣服和临时居住场所来应对低温、寒冷的恶劣天气环境。据美联社 17 日报道，强震摧毁了土耳其和叙利亚数万栋建筑物，导致数百万民众流离失所，很多民众面临食品短缺和御寒问题，很多灾民不得不露宿街头，一些灾民则在单薄的帐篷、工厂、火车车厢或温室大棚中避寒，如附图 1-3 所示。土耳其政府和当地数十个救援组织已发起大规模救援行动，土耳其政府 15 日称已部署 5400 个集装箱作为灾民避难所，并派发出超过 20 万顶帐篷，然而灾情仍不容乐观。土耳其政府数据显示该国至少有 8.4 万栋建筑物在 2 月 6 日的地震中完全被毁或损毁严重，其中包括 33 万套住宅。土耳其约有 1400 万人口受灾，占该国总人口的 16%。

附图 1-3　土耳其地震救援现场

三是许多国家的地震灾害救援队虽然训练有素和具备良好的救援装备，但由于对灾区环境不熟悉，在初期救援过程中对废墟中埋压人员的数量和具体位置难以确定，导致初期救援进展不如预期顺利，加上灾区余震不断，考虑到震后倒塌建筑物结构不稳定和救援人员自身的安全，严重阻碍了整个救援工作的顺利进行。

土耳其地震主要对策建议：一是从灾区视频中可以看到街道边的楼群中，有的楼房在地震时晃了两下之后就轰然坍塌，瞬间变成一堆瓦砾，而有的楼房却傲然耸立，看上去结构比较完好，与地震倒塌建筑物形成鲜明的对比，如附

图 1-3 所示。各国专家纷纷指出，虽然土耳其此次发生的地震威力巨大，但造成大量住宅楼倒塌、人员伤亡惨重的部分原因是很多建筑质量不合格。许多倒塌建筑物的混凝土结构未按抗震标准施工，没有足够的钢材来加固混凝土，很多民宅建筑根本没有抗震能力。为此需要加强建筑物抗震设计和施工质量监督，提高居民住宅及公共建筑的抗震能力。二是做好全国自然灾害风险评估，确定主要灾害类型和风险等级，围绕重点风险灾害做好应急处置所需救援人员能力、救援装备与物资和避难场所等方面的建设。

附录 2　事故灾难类案例——2010 年智利圣何塞铜矿 "8·5" 坍塌事故

2010 年 8 月 5 日，智利北部阿塔卡马沙漠中一处名为圣何塞的铜矿发生塌方事故，导致在井下作业的 33 名矿工被困。

（一）事故基本情况

2010 年智利圣何塞铜矿 "8·5" 坍塌事故发生后，智利政府立即开展了救援工作，经过长达 69 天的持续救援行动，当地时间 2010 年 10 月 13 日 0 时 10 分，首名矿工通过凤凰 2 号救生舱被成功营救，随后其余被困矿工都被成功营救，事故现场如附图 2-1 所示。

附图 2-1　智利圣何塞铜矿 "8·5" 事故现场

2010 年 8 月 5 日智利北部圣何塞铜矿塌方，33 名矿工受困于地下大约 700m 处，生死未卜。8 月 22 日智利首次确认全体矿工幸存；8 月 23 日首次地面救援人员将饮用水等送达被困矿工；8 月 24 日被困矿工首次与救援人员进行了通话；8 月 26 日被困矿工通过送入井下的摄像机将井下情况发送出来；9 月 1 日智利政府开始向被困矿工提供牛肉、米饭和水果等伙食；9 月 17 日救援人员打通一条救援通道，朝救出被困矿工迈出重要一步；10 月 9 日智利矿难救援人员表示营救被困矿工的救援通道已打通至地下 625m；10 月 13 日智利圣何塞铜矿被困矿工被全部成功营救。

（二）救援处置情况

2010年8月5日，智利北部圣何塞铜矿塌方事故发生后，智利政府立即承担起救援被困矿工的工作，武警、军队、消防人员以及政府各级部门联合行动，积极发挥社会各界及国际救援力量的作用。智利矿业部长在现场负责指挥救援，3支矿山救护队曾试图通过矿井通风井进入井下救援。与此同时，智利政府组织了分工明确、业务专业、各司其职的救援团队，其中包括救援人员、医务人员和一个专门的实验室，该实验室负责设计救援所需的器械和设备。

2010年8月7日，智利总统紧急中止对哥伦比亚的访问，赶赴铜矿现场，慰问33名被困矿工家属并监督救援工作。井下460m处发生大面积垮塌，救援人员被迫撤出，救援一度中止。

2010年8月8日，智利政府调动重型机械到达现场，救援工作重新启动，采取钻孔探测措施，利用3台T685型钻机分别施工直径为108mm、120mm、146mm的3个探测钻孔，如附图2-2所示。

2010年8月22日，直径108mm的探测钻孔打通被困矿工所在的巷道，与井下矿工取得了联系，确认33名被困矿工全部幸存。

2010年8月23日，其余两个探测钻孔相继打通，随即通过钻孔与井下建立了视频通信联系，供风并投送食物、药品和生活物资，如附图2-2所示。

附图2-2　智利圣何塞铜矿"8·5"事故救援现场

2010年8月24日，救援人员用狭小通道将无线对讲机传至井下的受困矿工，受困矿工首次跟地面直接通话，说他们健康状况良好。

2010年8月25日，智利官员向33名被困矿工告知了实情，即他们可能还要在井下待上长达数月时间才能获救，智利卫生部门要求被困矿工在井下模拟昼夜生活，并开始尿液、血压及体温测试。

智利政府根据实际情况，制定和实施了3套钻孔救援方案：第一套钻孔方案，利用澳大利亚生产的Strata950型钻机，首先打一个直径为110mm的"导向孔"，再扩大孔径至700mm，用提升绞车实施救援，设计孔深702m，预计4个月完成。存在困难主要是在钻孔拓宽过程中，被切碎的石块将落入被困矿工附近的区域，被困矿工需清除碎石 3000～4000t，且存在塌方风险。第二套钻孔方案，将原有的探测钻孔扩大孔径至 308mm，然后再次扩至 660mm，设计深度 620m。采用钻机为美国 Schramm 公司生产的 T130 型车载式顶驱钻机，顺利情况下预计 2 个多月完成。第三套钻孔方案，利用海上石油开采 RIC-422 钻机，先打一个 146mm 的钻孔，再次扩大孔径到 900mm，设计孔深 597m，大直径钻头每日钻进可达 40m，但需要一个较大的钻井平台，布置场地耗时较长。

2010 年 8 月 30 日，从澳大利亚运来的 Strata950 型钻机部件组装完毕，立即开展了第一套钻孔方案的实施工作。

2010 年 8 月 31 日，考虑到被困空间环境恶劣，邀请美国宇航局 4 名医师和心理专家现场提供生存指导，通过视频指导被困矿工进行体能训练。

2010 年 9 月 1 日，第一套钻孔方案由于发现地质断层，钻孔坍塌，救援人员需要不断地处理钻孔，影响了救援进度，始终未能达到设计位置。

2010 年 9 月 5 日，采用美国 Schramm 公司生产的 T130 型车载式顶驱钻机的第二套钻孔方案开始实施。

2010 年 9 月 7 日，被困矿工在井下收看到了一场足球比赛直播。地面人员将一个小型电视接收器送到井下，并接通地下的电视电缆，被困矿工们实现了在地下 700m 收看直播的梦想。

2010 年 9 月 12 日，经过被困矿工不断请求，救援管理人员首次批准他们在井下吸烟。同时，矿工们在教练的带领下开始健身训练，为后续获救行动做好准备。

2010 年 9 月 17 日，采用第二套钻孔方案的救援人员成功扩孔，打通了一条直径 308mm 的救援通道，朝救出 33 名受困矿工迈出重要一步。技术人员接下来将实施救援通道加宽作业，使用一个救生舱把矿工从地下 700m 处运送至地面。

2010 年 9 月 19 日，智利总统搭乘军用直升机，前往被困矿工所在的北部沙漠矿坑，视察救灾，并与这些受困在地下 40 多天的矿工视频交谈，增强他们的信心。

2010 年 9 月 20 日，利用海上石油开采 RIC-422 钻机的第三套钻孔方案开始实施，至 10 月 12 日累计钻进深度为 512m。

2010 年 9 月 25 日，为营救被困矿工而特别设计制作的救生舱被运至矿场，救生舱还备有氧气瓶、逃生装置和通信设备等，可以将被困矿工一个接一个地运送至地面，如附图 2-2 所示。

2010 年 9 月 28 日，第二套钻孔方案工作进展迅速，距离完成救援通道施工还剩 300m。

2010 年 10 月 6 日，中国自主设计、研发、制造的重型起重机部分零件，被 6 辆卡车组成的车队送往智利矿难救援现场，参与被困矿工的救援工作。

2010 年 10 月 7 日，智利政府宣布第二套钻孔方案距离通道打通只剩下 90m 距离，预计将于 9 日打通，进入救援的最后阶段。

2010 年 10 月 8 日，众多媒体记者从四面八方赶来，欲见证这场"马拉松式"救援的胜利，政府官员宣布在接下来 24h 内救援通道将通达矿工被困区域。

2010 年 10 月 9 日，第二套钻孔方案的救援通道已打通至地下 625m 处，钻孔直径约 700mm，为确保救生舱在救援通道内升降时人员的安全，救援人员对救援通道内部进行了加固，采用直径 610mm 的套管护壁。

2010 年 10 月 13 日 0 时 10 分，首名被困矿工成功升井获救，21 时 55 分，被困矿工全部获救。

（三）救援工作点评

智利政府在救援中发挥了重要作用，组织了全国大救援：智利政府坚决、果断地承担救援职责，积极发挥各部门、社会各界及国际救援力量的作用。智利总统 6 次亲赴现场指导救援，安抚被困矿工家属，智利矿业部长坚持现场指挥救援工作，国有企业、军队、消防人员、专业救援队伍以及政府各部门协调配合，形成了"全国大救援"的救援局面，极大地提升了政府和领导人在公众中的形象，凝聚了民心，树立了智利团结、文明、开放的国家形象。

加强国际合作，运用了世界最先进的技术和装备：这次救援行动获得了国际社会的广泛支持，采用许多先进、成熟的技术手段和救援装备，为成功实施救援工作提供了坚实保障。例如采用了中国企业提供的超大型"SCC4000"型履带起重机、澳大利亚生产的"Strata950"型重型钻机和美国公司生产的"Schramm T130"型重型钻机等国际领先的工程技术装备，并邀请世界范围内最具有钻孔经验的技术人员开展现场技术指导，顺利实现了钻进 625m 深度的大直径钻孔的精准定位，为第二套钻孔方案顺利完成救援通道的贯通与扩大提供了强有力的技术支持。

事故现场的客观条件也促成了这次救援行动的成功施救：圣何塞铜矿处于智利北部干旱的沙漠地区，地层构造较煤系地层致密，没有含水地层和有毒有害气体的危害，主要的垮塌体未对被困矿工造成直接伤害，井下存在的避难硐室为被困人员的长期生存和持续施救行动提供了有利条件。

附录3　公共卫生类案例——2014年西非埃博拉病毒疫情事件

埃博拉病毒是一种能引起人类和灵长类动物产生埃博拉出血热的烈性传染病病毒，1976年在苏丹南部和扎伊尔［现刚果（金）］的埃博拉河地区首次被发现，因其极高的致死率而被世界卫生组织列为对人类危害最严重的病毒之一。

（一）事件基本情况

2014年2月，第一次暴发于几内亚境内发生。2014年3月26日，法国里昂巴斯德研究所证实埃博拉病毒应为扎伊尔型埃博拉病毒。6月24日，世界卫生组织新闻发言人透露，截至6月23日，几内亚、利比里亚和塞拉利昂三国共计出现599例埃博拉病毒确诊、疑似和可能感染病例，其中死亡369人。部分疫情防控情况如附图3-1所示。

附图3-1　2014年西非埃博拉疫情防控情况

2014年12月17日，世界卫生组织发表数据显示，埃博拉出血热疫情肆虐的利比里亚、塞拉利昂和几内亚等西非三国的感染病例（包括疑似病例）已达19031人，其中死亡人数达到7373人。

（二）救援处置情况

2014年8月4日，世界银行将提供2亿美元紧急资金，帮助西非的几内亚、利比里亚和塞拉利昂三国抗击埃博拉疫情。

2014年8月11日，中国组建三支医疗队，15日前往西非参与抗击埃博拉疫情，指导和帮助当地开展埃博拉出血热患者、疑似病例和确诊病例的救治工作，并对我国驻当地公民进行健康教育。

2014年8月19日，利比里亚宣布8月20日起将实施宵禁，并在首都等两个地区新设立检疫站，防止埃博拉病毒的扩散。

2014年9月4日，世界卫生组织召开埃博拉治疗和疫苗磋商会，主要是了解埃博拉治疗药物和疫苗开发的最新信息，并对其进行评估。

2014 年 9 月 5 日，联合国决定设立埃博拉危机控制中心，通过协调各方努力实现在 6～9 个月内阻止埃博拉病毒在受影响国家传播的目标。欧盟委员会将提供约 1.4 亿欧元资金用来帮助几内亚、塞拉利昂、利比里亚和尼日利亚四国抗击埃博拉疫情，3800 万欧元将用来改善医疗卫生服务，500 万欧元用于配置移动实验室及医护人员培训，9750 万欧元用来增强利比里亚和塞拉利昂两国政府部门提供公共服务以及保持整体经济形势稳定的能力，尤其是医疗卫生领域。

2014 年 9 月 8 日，欧盟委员会将向非盟新成立的"抗击西非埃博拉"工作组提供 500 万欧元资助，工作组将向暴发埃博拉疫情的国家提出协调机制方面的建议，并与这些国家展开联合行动。工作组还将提供医疗支持，帮助各国政府和国际机构巩固埃博拉疫情控制成果。中国疾病预防控制中心宣布将帮助塞拉利昂建立埃博拉病毒检测实验室和埃博拉病例隔离防治中心。

2014 年 9 月 12 日，中国政府决定向非洲有关国家和国际组织提供新一轮总价值 2 亿元人民币的紧急人道主义援助，主要包括：继续向有关国家提供防护救治、粮食食品等物资援助；继续派遣医疗专家组；提供生物实验室等紧急救护设备和设施等；向疫情严重的非洲国家和世界卫生组织提供必要的资金支持等。古巴卫生部表示将向塞拉利昂派出 160 名医务工作者，帮助其抗击埃博拉疫情。

2014 年 9 月 16 日，中国政府派出由 59 人组成的移动实验室检测队，赴塞拉利昂开展埃博拉出血热检测工作，以增强塞拉利昂实验室检测能力。美国宣布向西非遭受埃博拉疫情肆虐的国家派遣军事人员，总数为 3000 人，以帮助这些国家建设大型医疗培训中心、推进卫生计划。

2014 年 9 月 18 日，联合国将建立联合国埃博拉应急特派团，全面调动联合国系统的能力，到疫区为受影响国家提供支持。应急特派团有 5 项优先任务：阻止疫情暴发、治疗受感染者、确保关键服务、维持稳定、预防再度暴发。特派团将全面调动联合国系统各个方面及其专业能力，并将与非盟、西非国家经济共同体等密切协作。法国宣布将在西非国家几内亚建一所军医院，旨在拯救生命和保护法国侨民。

2014 年 9 月 19 日，中国政府将向非盟资助 200 万美元，用于支持非洲国家抗击仍在肆虐的埃博拉病毒。塞拉利昂政府开始实施为期 3 日的全境戒严，救援人员将挨家挨户找寻感染病患，并向每个家庭分发肥皂及宣传材料。

2014 年 9 月 22 日，联合国设立了埃博拉响应多方信托基金，寻求募集近 10 亿美元以快速协调抗击埃博拉疫情。

2014 年 9 月 25 日，埃博拉疫区国家、联合国、各国际组织及会员国代表在纽约联合国总部共同举行埃博拉疫情响应高级别会议，商讨应对这一重大公共卫生危机的举措。世界银行宣布将追加 1.7 亿美元的援助资金给 3 个受灾最严重的西非国家——几内亚、利比里亚和塞拉利昂，其中一半以上资金将被用于疫情应急响应，其余资金将被用于改善中长期医疗卫生体系。西非经济货币联盟委员会宣布将向各成员国发放 6000 万西非法郎补贴。

2014 年 9 月 26 日，国际货币基金组织宣布将立即向几内亚拨款 4100 万美元、向利比里亚拨款 4900 万美元、向塞拉利昂拨款 4000 万美元。古巴将再派出约 300 名医生和护士前往西非国家，帮助抗击埃博拉疫情。

2014 年 9 月 29 日，联合国在加纳开设抗击埃博拉疫情的总部，将协调国际援助，以协助西非应对这场日益严峻的危机。中国政府将向加纳政府捐助价值 500 万元人民币的救治物资。法国宣布将向几内亚林区的第三个治疗中心增派 25 名法国医生。非洲开发银行宣布将拨款 1140 万美元帮助利比里亚抗击埃博拉疫情，用于在各地建立埃博拉救治中心、支持医护人员和购买救治中心运行需要的设备。

2014 年 10 月 1 日，世界卫生组织发表声明要求各参与方加快埃博拉疫苗的试验评估，美国和加拿大的两种疫苗被认定为有前景的疫苗，第一阶段临床试验正在或即将在非洲、欧洲及北美超过 10 个地点进行。

2014 年 10 月 2 日，援助塞拉利昂抗击疫情的国际会议在英国伦敦举行，会议呼吁加强国际合作，共同应对全球面临的这一严重疫情，英国政府决定向塞拉利昂提供总额为 1.25 亿英镑的援助。

2014 年 10 月 7 日，联合国宣布在今后三个月里为联合国埃博拉应急特派团提供总额近 5000 万美元的预算资金。美国宣布将在疫区建立 4 个移动实验室，预计 11 月底之前将最多 4000 名人员陆续派往利比里亚等西非国家，帮助当地卫生部门建造医疗设施并开展相关培训工作。

2014 年 10 月 8 日，联合国秘书长任命 3 名埃博拉危机管理专员，分别负责在疫情重灾区几内亚、利比里亚和塞拉利昂协调抗击埃博拉疫情的国际努力。联合国粮农组织发起了一项总额为 3000 万美元的紧急募捐呼吁，以在今后 12 个月内向几内亚、利比里亚和塞拉利昂 9 万个贫困家庭提供帮助。英国将派出 750 名军事人员、一艘医疗船以及 3 架直升机赴塞拉利昂，以帮助应对埃博拉病毒的蔓延。塞拉利昂政府宣布将为 100 多万名学童展开一项授课计划，将通过广播教学，让因埃博拉疫情而中断学校课程的学童继续接受教育。

2014 年 10 月 14 日，美国疾病控制和预防中心宣布建立埃博拉快速反应小组，一旦有美国医院出现确诊埃博拉患者，该小组将会在"数小时内"到现场提供帮助，确保医院和医务人员操作安全。英国卫生大臣表示伦敦希思罗机场从 14 日起将对旅客进行埃博拉病毒筛查。

2014 年 10 月 16 日，中国政府将向西非国家提供第四批总额至少 1 亿元人民币的援助，其中包括 60 辆救护车、100 辆摩托车、1 万个防控护理包、15 万套个人防护装备。此外，中方将再派出几十名专家，计划培训 1 万名医疗护理人员和社区骨干防控人员。

2014 年 10 月 17 日，英国宣布曼彻斯特和伯明翰两大机场也将对来自埃博拉病毒威胁地区的旅客进行筛查。日本外相宣布将向疫区的世界卫生组织特派团再派遣两名医疗专家，在当地工作约 1 个月时间。

2014 年 10 月 21 日，世界卫生组织宣布首批埃博拉疫苗将在两周内投入临床试验，如进展顺利，可望在 2015 年头几个月提供给受埃博拉困扰的西非地区。法国表示将进一步加强对几内亚的援助，包括在当地建立一所医疗机构，专门用于接治感染埃博拉病毒的医护人员，并在法国和几内亚两国对医护人员开展专门培训。

2014 年 10 月 24 日，中国政府决定启动第 4 轮紧急援助，再向利比里亚、塞拉利昂、几内亚 3 国和有关国际组织提供总价值为 5 亿元人民币的急需物资和现汇援助，派出更多中国防疫专家和医护人员，并为利比里亚援建一个治疗中心。

2014 年 11 月 27 日，加拿大将派遣 40 名军队医护人员前往西非，以帮助抗击埃博拉疫情，同时鼓励本国医护人员加入对抗疫情的战斗。

（三）救援工作点评

世界各国在联合国、世界卫生组织等国际组织的协调下，整合应急救援力量和资源，积极捐款资助，开展医疗救援，联合研制疫苗等。世界各国在防控疫情方面通力配合，严格执行疑似病例预警机制，有效防止了疫情在全世界范围内的大面积暴发。

国际组织积极协调、各国积极响应与协作：在疫情发生的第一时间，西非各国都高度重视，世界卫生组织积极响应，迅速采取有效措施帮助疫情发源国开展疫情防控工作。世界主要国际组织和主要国家都主动采取应对措施，投入了大量人力、物力和资源用于共同对抗疫情扩散，积极开展受害人员救治和疫苗研发，尤其是中国大力支持西非国家开展抗疫工作，投入的人员之多、资金之大在世界范围内都是有目共睹的。世界范围内各大医疗研究机构更是加快疫苗的研发工作，及时对病患进行有效的医疗救援，同时采取有效措施阻止疫情的进一步扩大蔓延。

加强非洲等第三世界国家的基础应急能力建设：这次疫情防控也暴露出非洲国家的基本医疗卫生能力严重不足的问题，其缺乏专业的医疗人员和装备物资，不具备独立开展专业的流行病学调查、病毒分析与疫苗研发等能力，需要进一步普及国民基本素质教育与培训，提高国家综合应急管理能力，特别是应对公共卫生事件的能力。

附录4 社会安全类案例——2001年美国"9·11"恐怖袭击事件

"9·11"恐怖袭击事件是指2001年9月11日发生在美国纽约世界贸易中心的一起恐怖袭击事件。

（一）事件基本情况

2001年9月11日上午（美国东部时间），两架被恐怖分子劫持的民航客机分别撞向美国纽约世界贸易中心一号楼和世界贸易中心二号楼，两座建筑在遭到攻击后相继倒塌，世界贸易中心其余5座建筑物也相继坍塌损毁；9时许，另一架被劫持的客机撞向位于美国华盛顿的美国国防部五角大楼，五角大楼局部结构损坏并坍塌；最后一架被劫持飞机坠毁在宾夕法尼亚州香克斯维尔的一片空地，距离华盛顿特区只有约20分钟飞行时间。

"9·11"事件是发生在美国本土的最为严重的恐怖袭击行动，遇难者总数高达2996人（含19名恐怖分子）。对于此次事件的财产损失各方统计不一，联合国发表报告称此次恐怖袭击对美经济损失达2000亿美元，相当于当年生产总值的2.0%。此次事件对全球经济所造成的损害甚至达到1万亿美元左右。此次事件对美国民众造成的心理影响极为深远，美国民众对经济及政治的安全感均被严重削弱。恐怖袭击现场如附图4-1所示。

附图4-1 "9·11"恐怖袭击事件情况

"9·11"事件发生后，全美各地的军队均进入最高戒备状态，作为对这次袭击的回应，美国发动了"反恐战争"，入侵阿富汗以消灭藏匿"基地"组织恐怖分子的阿富汗塔利班，并通过了美国爱国者法案。

（二）救援处置情况

2001年9月11日7时59分，美国航空公司11号航班从波士顿洛根国际机场飞往洛杉矶。8时21分，收到求助电话后，美航的一位员工立即向美航运营中心报警。8时46分40秒，美国航空公司11号航班以大约490英里每小时的速度撞向世界贸易中心一号楼（亦称"北塔"），撞击位置为大楼北方94层至98层之间，导致机上所有人员及楼内未知数量人员立即死亡。

美国联合航空公司175号航班原定从波士顿洛根国际机场飞往洛杉矶，于8:14起飞。8:42，飞机的无线电通信和应答器关闭，飞机脱离航线。8:58，飞机飞往纽约。9:03:11，美国联合航空公司175号航班撞向世界贸易中心二号楼（亦称"南塔"），导致所有机上人员以及塔内未知数量的人员均立即死亡。

美国航空公司77号航班于8:20从华盛顿哥伦比亚特区飞往洛杉矶。8:54，飞机偏离预定航线，转向南面。2分钟后，飞机异频雷达收发机关闭，塔台与美航调度员多次尝试与飞机沟通，但都没有成功。9:10，美航总部怀疑77号航班已被劫持，决定在全国范围内实施禁飞令。9:29，飞机自动驾驶被取消，飞行高度约7000英尺（约2134米），位于五角大楼以西38英里。9:34，华盛顿里根国家机场向特勤部报告称有一架未知飞机正飞往白宫方向。同时77号航班在五角大楼西南偏西5英里处，进行了一个330°的转弯，高度降到了2200英尺（约671米），朝向五角大楼俯冲。9:37:46，美国航空公司77号航班以高达530英里每小时的速度坠毁在美国国防部五角大楼，导致机上所有人员及楼内大量军官死亡。

8:42，美国联合航空公司93号航班从新泽西州纽瓦克自由国际机场起飞，飞往旧金山。9:23，93号航班收到联航飞行调度员发送的警告："当心任何针对驾驶舱的侵入，已有两架飞机撞上世贸中心。"9:32，一名劫机者以机长身份向（或试图向）乘客发表声明，称机上携带有炸弹，示意乘客坐下，飞行信息记录系统表明飞机自动驾驶系统将飞机掉头并飞向东面。9:57，乘客开始采取行动进行自救，10:02:23，飞机开始朝下并翻了个身，飞机以580英里每小时的速度坠毁在宾夕法尼亚州香克斯维尔的一片空地上，距离华盛顿特区只有约20分钟飞行时间。

上午8时46分，两架美国空军F-15鹰式战斗机从马萨诸塞州空军基地紧急升空前往拦截美国航空公司11号航班，但空军飞行员不知道美国航空公司

11 号航班的正确位置，东北防空司令部（NEADS）在接下来的数分钟设法确定飞机位置。

纽约消防局对袭击做出反应是在上午 8 时 46 分，也就是第一架飞机撞击第一座世贸中心塔楼那一刻。纽约消防局第一消防大队队长在附近街区目睹了第一次撞击，他也是第一位到达现场的指挥员。大约上午 8 时 50 分，他按照纽约消防局的预案，在世贸中心第一座塔楼的大厅内设立了灭火指挥部。

大约上午 9 时，消防局局长接管担任事故总指挥。因为不断掉下的残骸和其他安全因素，他将灭火指挥部从世贸中心 1 号塔楼大厅转移到西街对面的一处场所——一条 8 车道的高速公路。指挥员考虑到了塔楼可能会发生有限的、局部的倒塌，但没有想到它们会完全倒塌。

灭火指挥部转移到西街后，仍有一些消防指挥员留在 1 号塔楼大厅内，组成了建筑内的灭火单位和指挥部，可以利用楼内已有的警报控制系统、电梯和通信系统等。几分钟内，指挥部决定集中力量进行受困营救和撤离，派遣消防队员进入楼内帮助数百名被困在电梯、楼梯间和房间内，以及因受伤而无法撤离的人员，命令消防队员撤离各层所有人员。

与此同时，紧急医疗服务组织指挥官也开始划定区域，集结救护车，对伤员进行鉴别归类、治疗并送往医院。紧急医疗服务组织现场指挥员在灭火指挥部中担任紧急医疗服务指挥员，向灭火指挥部报告医疗救援情况。

上午 9 时 03 分，第二架飞机撞击 2 号塔楼，指挥员们立即调集另外的消防分队，并从 1 号塔楼调派消防分队。随着动员升级，指挥员命令所有消防分队到世贸中心附近指定的集结地点报到。

世贸中心 1 号塔楼大厅内的指挥员和派入楼内各分队之间的通信联络是零星的，考虑到处在危险中的市民的报告不断传到大厅中的指挥部，指挥员决定继续尝试疏散和拯救市民，尽管存在通信保障困难。他们必须派遣救护车，将行动录入计算机，从众多消息来源中监控信息和接听其他电话。

上午 8 时 46 分至 10 时 29 分，至少有 20 名（主要集中在北楼）被大火和浓烟围困在大楼顶楼的人员从高空跳下。

上午 9 时 59 分，世贸中心 1 号塔楼发生倒塌，楼内的消防队员和指挥员们最初并不知道正在发生什么事情，许多人以为 1 号塔楼正发生局部坍塌，当 1 号塔楼大厅充满碎石和残骸时，在 1 号塔楼大厅指挥部的第一消防大队指挥员迅速通过移动无线通信下达了撤退命令，但是很多消防队员并没有听到这条命令，导致许多受困人员和救援人员死亡，一些人得以离开是因为其他消防队员告诉他们指挥部已经下达了撤退命令。

上午 11 时，计划部门的一位高级官员，接替紧急医疗服务组织指挥官指挥行动，但是在接下来的近半个小时里，整个事故救援指挥仍不十分清楚。在这段时间里，一些高级消防指挥官都主动重建指挥部，有时导致了多重指挥。上午 11 时 28 分，城市值班指挥员接替消防局局长担任事故现场救援指挥官，全面恢复了现场指挥，当时应急处置部分画面如附图 4-2 所示。

附图 4-2 "9·11"恐怖袭击事件应急救援

至 2002 年 5 月 28 日，救援人员总计在世贸中心废墟中清理出超过 180 万吨的残骸，集中转运至一个专门场地，另外救援人员继续找寻线索及遇难者遗物。

（三）救援工作点评

恐怖事件应急处置存在的主要问题：一是应急救援的通信工作保障存在问题。世贸中心大楼倒塌之后导致周边的美国电报电话大厦受损，通信设备受到破坏，指挥员与各分队之间的通信信息传递不畅，紧急医疗服务组织指挥官和救护车也因为无线通信堵塞而面临通信问题，信息缺乏限制了指挥部对整体救援工作态势的估计能力。二是世贸中心临时救援指挥部位置选址不当。当消防和紧急医疗服务的指挥员在周围的建筑物中寻找避身处时，世贸中心 2 号塔楼的倒塌摧毁了西街对面的事故救援指挥部，削弱了指挥和控制机构。消防局局长和其他指挥员于上午 10 时 29 分在 1 号塔楼的倒塌中丧生，使事故救援临时处于无指挥状态。三是中央政府对事件应急处置缺乏预见性。事件发生初期，由于信息收集的滞后性和对整个恐怖袭击的严重性认知不够，没有立即下令实施全国空域管制措施，导致多架民航客机陆续被恐怖分子劫持，没有遏制事态的进一步发展。美国白宫、国防部大楼等陆续成为恐怖分子攻击的目标，对国家管理能力造成了严重的危害。

恐怖事件应急处置的主要建议：一是加强应急救援专用的移动通信装备建设。当面临重大突发事件时，城市的通信网络也随时可能遭受破坏，需要移动通信车等完成救援通信保障任务，此外，需要注意通信方式的多元化布局，无线、有线、卫星、短波、蜂窝移动通信等互补搭配。二是加强应急救援过程中的风险防控措施。例如，将世贸中心 1 号塔楼大厅作为应急处置指挥中心，指挥人员没有预判可能发生的倒塌风险，导致人员伤亡和指挥中断；又如世贸中心垮塌导致周边的电报电话大厦损坏，大楼布设的大型通信设备受损，导致短时间内无法有效开展指挥调度；此外，消防队员大量进入世贸中心大楼救援，由于没有考虑到整体垮塌问题，导致大量救援人员伤亡，为此，需要加强救援活动过程中潜在风险的监测与管控，特别是高风险救援活动，保障救援活动的安全是开展应急处置的前提。

参考文献

[1] 张灵，徐朱连.化学事故应急救援案例[J].城市与减灾，2008，60（03）：54-55.

[2] 杨海银.校园食品安全突发事件应急管理机制研究[D].成都：西南财经大学，2020.

[3] 李嘉文.新冠肺炎疫情下消防综合应急能力建设——基于事件系统理论的案例分析[J].消防界：电子版，2021，7（15）：62-65.

[4] 高小平，詹隽青.应急交通工程装备的概念、分类和发展对策[J].中国应急管理，2011（12）：52-55.

[5] 陈晓东.救援装备[M].北京：科学出版社，2014.

[6] 赵文华，祁越.应急救援学[M].北京：国防大学出版社，2015.

[7] 方丹辉.公共安全与应急管理：案例与启示[M].北京：人民出版社，2016.

[8] 赵正宏.应急救援装备[M].北京：中国石化出版社，2019.

[9] 郑静晨，侯世科，樊毫军.国内外重大灾害救援案例剖析[M].北京：科学出版社，2011.

[10] 张超，马尚权.应急救援理论与技术[M].徐州：中国矿业大学出版社，2016.

[11] 国家安全生产应急救援指挥中心.矿山事故应急救援典型案例及处置要点[M].北京：煤炭工业出版社，2018.

[12] 李明，王秉.公共安全与应急管理[M].北京：化学工业出版社，2024.